城市污水传输深隧设计、建造及运维关键技术

主编单位：中建三局集团有限公司
　　　　　中建三局绿色产业投资有限公司
主　　编：阮　超　张延军　李胡爽

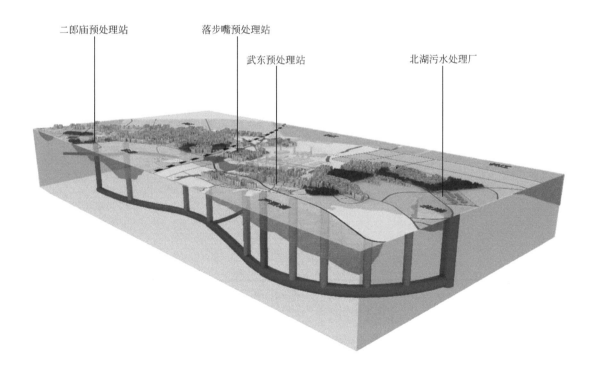

二郎庙预处理站　　　　　落步嘴预处理站　　　　　北湖污水处理厂

武东预处理站

中国建筑工业出版社

图书在版编目（CIP）数据

城市污水传输深隧设计、建造及运维关键技术／阮超，张延军，李胡爽主编. — 北京：中国建筑工业出版社，2024.7

ISBN 978-7-112-29883-9

Ⅰ. ①城… Ⅱ. ①阮… ②张… ③李… Ⅲ. ①城市污水处理-研究 Ⅳ. ①X52

中国国家版本馆 CIP 数据核字（2024）第 101338 号

本书全面总结了作者单位对城市污水传输深隧设计、建造及运维关键技术的探索实践，全书共分为 5 章，第 1 章绪论对深隧工程的定义与分类、工程概况、关键技术进行了介绍；第 2 章污水深隧设计关键技术介绍设计总体方案、地表完善系统、污水隧道系统；第 3 章污水深隧建造关键技术对竖井施工、盾构施工、二衬施工、顶管施工、深隧功能性验收进行了介绍；第 4 章污水深隧运维关键技术对智慧深隧系统、结构健康监测系统、水下巡检机器人、外源性破坏防范系统进行了介绍；第 5 章为结语与展望。本书内容全面，可供行业从业人员参考使用。

书中未注明的长度单位均为"mm"，标高单位为"m"。

责任编辑：王砾瑶　张　磊
责任校对：芦欣甜

城市污水传输深隧设计、建造及运维关键技术

主编单位：中建三局集团有限公司
中建三局绿色产业投资有限公司
主　　编：阮　超　张延军　李胡爽

*

中国建筑工业出版社出版、发行（北京海淀三里河路 9 号）
各地新华书店、建筑书店经销
北京鸿文瀚海文化传媒有限公司制版
建工社（河北）印刷有限公司印刷

*

开本：787 毫米×1092 毫米　1/16　印张：13¼　字数：329 千字
2024 年 8 月第一版　　2024 年 8 月第一次印刷
定价：**72.00** 元
ISBN 978-7-112-29883-9
（42303）

本书编写指导委员会

主　　任：王　涛
副 主 任：闵红平
委　　员：汪小东　陈广军　谢路阳　张利娜　饶世雄
　　　　　龚　杰　刘　畅　汤丁丁

本书编委会

主　　编：阮　超　张延军　李胡爽
副 主 编：廉文杰　邹　静　侯伟涛　张冲博　尹炳森
编　　委：王建华　常　超　杨　怀　曾利华　胡　刚
　　　　　刘　军　刘　雯　陈安明　石稳民　黄　欢
　　　　　李雪飞　和　毅　邱震寰　梁亚楠　杨杏勃
　　　　　阮哲予　肖　权　蒋　睿　湛　德　周　艳
　　　　　赵　皇　王小虎　曾　磊　吴志高　郑　丽
　　　　　黄　珂　王　伟　李明梦　张　超

主编单位：中建三局集团有限公司
　　　　　中建三局绿色产业投资有限公司
参编单位：武汉市政工程设计研究院有限责任公司
　　　　　泛华建设集团有限公司
　　　　　中铁第四勘察设计院集团有限公司
　　　　　中建三局基础设施建设投资有限公司
　　　　　中建三局安装工程有限公司

序言

武汉河流、湖泊众多，世界第三大河长江及其最大的支流汉水在此相汇，自古以来享有"江城"和"百湖之市"的美誉。在众多湖泊水系中，以东湖为核心的大东湖水系与城市联系尤为密切。然而，随着城市的快速发展，由于污水直排，江湖联系阻断以及无序养殖等原因，大东湖水系内湖泊水质急剧恶化，生态环境压力日益增大。

武汉市委市政府高度重视大东湖水系生态环境质量，大力开展水环境治理工作。2009年《武汉市"大东湖"生态水网构建总体方案》正式获批，标志着大东湖水系系统治理的正式开启。为解决大东湖生态水网核心区污水处理设施布局与城市发展之间的矛盾，提升污水处理能力，武汉市提出建设污水传输隧道工程，旨在实现核心区污水的统一收集、处理。

在这一背景下，中建三局集团有限公司凭借全产业链优势，勇挑重担，牵头大东湖核心区污水传输系统工程的规划设计、施工建造与运营维护工作。面对国内排水深隧工程领域尚无成熟案例可借鉴，技术标准体系尚不完善等诸多挑战，绿投公司积极开展科技创新，深入研究与实践，取得了一系列具有重大现实意义和实用价值的创新成果，为大东湖深隧工程的顺利实施奠定了坚实基础。

正是基于这些宝贵的实践经验和技术创新，《城市污水传输深隧设计、建造及运维关键技术》一书得以诞生。本书深入剖析污水传输深隧工程建设运行的特点和难点，从规划设计、施工建造到运营维护等多个方面，提出了一系列创新的解决方案。在规划设计方面，阐述了基于技术经济性比选的深隧工程规划方法，介绍了不淤输水的污水预处理与入流工艺，提出了隧道结构耐久与防渗优化设计；在施工建造方面，针对各种复杂场景，如超深竖井基坑、小直径盾构隧道、小断面薄壁二衬等，研制新型施工材料与系列装备，创新施工工艺技术；在运营维护方面，建立集调度管理、监测预警、分析展示于一体的深隧运维系统，研制水下巡检机器人和地上巡检无人机系统。

本书的出版不仅填补了国内深隧工程技术研究领域的空白，更为城市排水深隧工程设计、施工、运维、科研等人员提供了宝贵的参考和借鉴。希望本书的出版能够为推动行业科技进步，促进城市水环境改善，保障城市可持续发展，贡献一份力量。

中国工程院院士
哈尔滨工业大学教授

前言

随着城市化进程的加速和环保理念的日益增强，城市深隧工程所代表的"深隧传输、集中处理"污水处理新模式，正逐渐成为优化城市核心区基础设施布局，解决中心城区污水处理提标的有效途径。这一模式不仅对地下空间综合利用开发、统筹协调区域排涝治污、保护区域水生态环境具有重要意义，同时可有效应对污水处理厂产能不足和厂区被城市中心化等普遍问题，将引领国内污水治理的新趋势，推动城市污水治理技术迈上新台阶。

目前，国内在城市污水传输深隧设计、建造及运维方面的技术研究尚显不足，现有研究成果无法充分支持城市污水传输深隧工程的快速发展。大东湖核心区污水传输系统工程作为高质量、高效率建设城市深埋污水系统的典范案例，将进一步完善污水传输深隧设计、建造及运维技术体系，有力推动地下深层空间的利用及城市深埋隧道建设的发展。

本书按照工程建设顺序分章节展开，系统阐述了城市污水传输深隧的设计、建造及运维关键技术。在规划设计部分，详细介绍了深隧系统设计总体方案、地表完善系统设计以及污水隧道系统设计；在施工建造部分，详细解析了竖井施工、盾构施工、二衬施工、顶管施工以及深隧功能性验收等关键步骤；在运营维护部分，探讨了智慧深隧系统、结构健康监测系统、水下巡检机器人及外源性破坏防范系统等前沿技术。本书的研究成果不仅填补了国内在城市污水传输深隧设计、建造及运维技术体系上的空白，也为我国全面推广城市排水隧道，建设更加完善的排水系统提供了重要参考和示范。

本书编写得到了"城市污水处理深隧工程建造及运维关键技术"（CSCEC-2019-Z-14）专项课题的资助，以及武汉市水务局、武汉市政工程设计研究院有限责任公司、中建三局基础设施建设投资有限公司等单位的大力帮助和指导，在此一并表示感谢！

参与本书编写的除主编人员外还包括廉文杰、邹静、侯伟涛、王建华、曾利华、刘军、刘雯、陈安明、杨杏勃、阮哲予、蒋睿、湛德、吴志高（排名不分先后）等。在编写过程中，我们参阅了大量的文献资料，在此对这些专家、学者表示感谢。

限于编者水平及编著时间，书中存在不足和疏漏之处在所难免，真诚欢迎读者提出宝贵意见，帮助我们进一步完善这本书，使其能够更好地服务工程从业者，指导实际工程建设。

闵红平

中建三局绿色产业投资有限公司

党委副书记、总经理

目录

1 绪论

1.1 深隧工程概述

1.1.1 深隧的定义与分类

城市排水深隧，指埋设于城市地表以下深层及次深层地下空间，用于调蓄、输送雨水或合流污水的隧道，亦称深层排水隧道。城市地下空间分层指标见表 1.1-1。

城市地下空间分层指标 表 1.1-1

序号	名称	深度(m)
1	浅层	−15～0
2	次浅层	−30～−15
3	次深层	−50～−30
4	深层	−50 以下

城市排水深隧一般由预处理设施、入流竖井、排水隧道、泵站、通风排气设施和除臭设施等附属设施组成（见图 1.1-1）。其中，预处理设施设置于各入流竖井前端，主要包括格栅和沉砂池；入流竖井用于深层排水隧道与浅层排水系统的衔接，兼具消能和排气的功能；排水隧道用于长距离传输雨污水；泵站主要设置在隧道末端，包括排涝泵站和排空泵站，其功能为辅助排涝和将排水隧道内调蓄的雨污合流水提升至污水处理厂；排水隧道的通风排气主要包括入流时隧道内空气的排出和隧道检修时的内部空气置换及日常通风；除臭设施主要处理浅层预处理设施、隧道入流和检修时排出的空气。

城市排水深隧根据排水体制及其功能可分为污水输送隧道、雨洪排放隧道、雨污合流隧道以及复合功能隧道四大类。其中，污水输送隧道是用于收集输送城市污水的地下隧道；雨洪排放隧道是用于收集、传输和储存城市雨洪的地下隧道；雨污合流隧道是用于收集、调蓄和输送合流污水、初期雨水的地下隧道；复合功能隧道是同时实现洪涝控制、污染控制或交通等多种功能的地下隧道。基于四种排水深隧的不同功能，结合国内外已有排水深隧项目案例，总结排水深隧的应用场景如下：

1. 污水输送型

对于污水处理厂亟须扩建、提标改造但周边用地紧张的区域，可通过建设污水输送深隧来完善污水收集和处理系统。污水经现状排水管道收集后进入现有污水处理厂，现有污

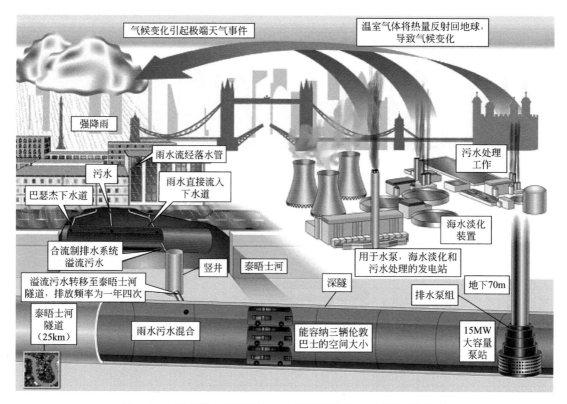

图 1.1-1　城市排水深隧系统——以英国泰晤士河深隧系统为例

水处理厂采用深层隧道系统连接起来，超出现有污水处理厂处理能力的污水或现有污水处理厂难以处理达标的污水便通过深层隧道，被送至偏远位置处的（新建）污水处理厂经处理达标后排放，采用偏远位置处的大型污水处理厂取代中心城区的众多中小型污水处理厂，缓解中心城区污水处理能力不足的问题。

2. 雨洪排放型

对于排水标准低、内涝严重的区域，可通过新建雨洪排放隧道，截流区域上游大部分的雨水，改变雨水原有排放去向。截流的雨水经深隧暂存或沉淀净化后错峰排至另外的受纳水体，从而提升区域雨水排涝能力至 50 年甚至 100 年一遇的暴雨，减轻区域整体水漫问题。

3. 雨污合流型

对于雨污合流制区域，随着城市的发展，城市硬质地面比例增加，暴雨径流增大，污水处理厂经常超负荷运行，迫使未经处理的污水流入河道造成河湖水体污染。针对上述问题，可通过建设雨污合流隧道，暴雨时截流合流管中的溢流污水，雨后泵入污水处理厂，经处理达标后排放，避免雨季溢流污水直排。雨污合流隧道旱季用于收集管网中的污水，雨季实现污染控制和防洪排涝的功能。

4. 复合功能型

对于交通堵塞、洪灾易发的区域，可通过建设复合功能隧道改善交通，提升排水标准。整个隧道分隔为多层，包含底层水道和上层车道，设置 2 个控制中心分别控制排水和交通。

当洪水量较低时，仅开通底层水道泄洪，当洪水量增大时，开启一层或多层车道泄洪。

1.1.2 深隧工程发展现状

20 世纪 70 年代，部分发达国家中城市洪涝和合流制溢流污染严重影响城市水环境质量，政府开始高度重视排水防涝工作。由于存在地区人口密集、雨污分流改造工程困难、中心城区用地限制等问题，美国、英国、新加坡等国家先后开始尝试通过建设深隧工程来改善城市排水问题。在此之后，我国的香港、广州、深圳等地也陆续开始探索。

1.1.2.1 国外城市深隧排水系统

1. 美国芝加哥深隧和水库工程（TARP）

美国第三大城市芝加哥位于湿润性大陆季风气候区，年平均降水量约为 965mm，主要集中在夏季。由于雨季内涝频繁发生，初雨和溢流污染严重，对其饮用水源地——密歇根湖造成严重污染。原有的截污管线截留倍数低，溢流发生的概率大约为每年 100 次，大暴雨时污水进入河道，对河道造成严重污染。因此，芝加哥投资建设了一套长 176km、直径 2.5～10m、埋深 45～106m 的深隧系统（见图 1.1-2），旨在减少因污水溢流对水体造成的污染，同时为雨洪提供出水口以减少城市内涝。芝加哥深隧工程设置竖井 264 个，直径 1.2～7.6m；排水泵站 3 座，最大的泵站流量 $3.80 \times 10^6 \, \text{m}^3/\text{d}$，提升扬程最高 107m；地面连接设施超过 600 个。通过竖井及深隧收集水体，减少溢流点 405 处。收集的雨水通过 3 座调蓄水库被输送到处理规模为 $4.65 \times 10^6 \, \text{m}^3/\text{d}$ 的 Stickney 污水处理厂，处理达标后的雨水最终排入自然河流。工程实施后，有效减轻了芝加哥的城市内涝和水体污染，对保护密歇根湖发挥了重要作用。芝加哥是世界上最早采用地下深隧技术解决城市洪涝问题的城市，其成功经验也在美国的其他城市得到了推广和应用。

图 1.1-2　美国芝加哥深隧和水库工程（TARP）

2. 英国伦敦泰晤士 Tideway 隧道工程

伦敦是英国的首都，同时也是欧洲最大的城市。伦敦跨泰晤士河下游两岸，面积 1605km²，属温带海洋性气候，年降水量约 594mm，人口密度为 5285 人/km²。伦敦的下水道系统始建于 150 多年前，由于城市人口和面积的增加，原有的排水系统已不足以支持城市发展，泰晤士河溢流频发，污染问题严重。2014 年伦敦政府确定了泰晤士 Tideway

隧道工程方案（见图 1.1-3），该工程初期预计总投资 42 亿英镑（折合人民币约 385 亿元）。项目于 2016 年开工建设，2022 年实现隧道贯通，预计 2025 年建成运行。深层隧道长度 25km，两端高度差为 20m，隧道直径 7.2m，调蓄容量 $1.25 \times 10^6 \mathrm{m}^3$，隧道埋深 35～75m。工程建成后泰晤士河的溢流次数将由目前的每年 60 次减少到 4 次，大幅提高污水收集能力，有效减少合流制溢流带来的污染，有效地改善泰晤士河水体环境。

图 1.1-3　伦敦泰晤士 Tideway 隧道工程

3. 新加坡深层隧道排水系统

新加坡地处热带，多年年平均降水量为 2355mm，降水充沛，其地势低洼且四面环海，因此经常遭受水淹威胁困扰。新加坡城市排水存在的问题主要包括：污水处理厂小而分散；污水处理设施距离居民区较近，容易产生臭味污染；城市用地紧张，限制了污水处理设施的扩建等。

针对以上问题，新加坡提出建设深层隧道污水管线系统（Deep Tunnel Sewerage System，DTSS）。DTSS 第一期工程于 2001 年开始建设，2008 年竣工，耗资 34 亿新元（折合人民币约 179 亿元），主要包括一条长 48km、直径 3.3～6.0m 的深层污水隧道、一座污水厂、两条长 5km 的深海排污管和一条长 60km 的污水接驳管。DTSS 二期工程投资额约 23 亿新元（折合人民币约 121 亿元），深层污水隧道总长达到 50km，隧道内径在 3.0～6.0m，深度在 35～55m 间，另外还有 50km 左右的次级污水管（直径小于 3m）。二期工程于 2017 年开工建设，预计 2025 年完工。该工程建成后，将实现新加坡国内废水、污水集中处理，部分厂站的土地被释出并重新被开发利用，有利周边发展并使都市土地活化、美化及净化。

4. 东京都深隧工程

日本首都东京，旧称江户，面临东京湾，由于地质和气候条件常常发生因降雨引起的洪水。随着东京城市范围外扩，居住人口增加，原有的排水系统远不能适应高强度降雨的排放要求，原来的城市排水系统也不堪重负，排水的效率与质量呈现直线下滑的趋势。在日本的排水系统建造中，一直秉持着用天然的渠道将水源引入大海的原则。然而这样的天然渠道的建设对外界环境的要求极高，在城市建筑物与人口密集的地区，这样的排水系统工程根本无法推进。

为解决城市内涝严重的问题，政府改变了排水系统修建策略，提出建设首都圈外围排水系统（见图 1.1-4）。该系统始建于 1994 年，2006 年竣工，总投资 2400 亿日元（折合人民币约 180 亿元）。系统包括总长 6.3km、内径 10m、埋藏深度 60～100m 的排水隧道，5 座直径 30m、深度 60m 的巨型竖井，1 处长 177m、宽 77m、高约 20m 的人造地下水库以及排水泵房、中控室等设施。整个系统调蓄量约 67 万 m^3，最大排洪量约 200m^3/s。该工程将 18 号水路、中川、仓松川、幸松川、大落古利根川和江户川串联在一起，形成了一个完整排水系统。

图 1.1-4　东京都深隧工程

当出现超标准暴雨等异常情况，且过流能力超过串联河流能力时，开启竖井闸门将洪水引入地下系统并储存；当超过调蓄规模时，排洪泵站将自行启动，洪水通过江户川河流并最终抽排入东京湾。首都圈外围排水系统结合降雨情况运行，并优先利用河道水系进行排洪调蓄，每年仅需开启 4～6 次，便能有效地调节洪水，使得东京减少 80% 以上的洪涝灾区。

1.1.2.2　国内城市深隧排水系统

1. 香港深隧工程

自 20 世纪 70 年代起，由于大量污水未经处理或只经过基本处理就直接排入香港维多利亚港，超过了港口自净能力上限，海水污染日趋严重，水质变差，海洋生态环境大受影响，红潮频发，海产污染，观感恶劣。沿岸地区工厂、餐饮与住宅将污水管道接驳至雨水渠，造成水体黑臭。为了改善维多利亚港水质，香港特区政府提出了净化海港计划，于 20 世纪 80 年代后期开始分阶段展开，用于收集及处理维多利亚港两岸区域的污水。

净化海港计划第一期工程，包括昂船洲污水处理厂及 23.6km 长的深层排水隧道，收集来自九龙、蔡青、将军澳及港岛东北部的污水进行化学强化一级处理，然后通过海底排水口排放入维多利亚港西部。净化海港计划第一期工程于 1994 年开建，2001 年底启用，其处理的污水占维多利亚港两岸所产污水的 75%，目前为 350 万市民提供服务，每天污水处理量达到 170 万 t。第二期工程分为两个阶段，分别是第二期甲和第二期乙。第二期甲将会处理余下 25% 源自维多利亚港岛北部及西南部的污水，并且会加建消毒设施，用以大幅度减少排放水内的细菌含量，使荃湾邻近的泳滩得以重开。而第二期乙将会为本计划的所有污水进行生物处理，以提高污水处理水平。第二期工程系统完成后，可处理所有维多利亚港两岸所产生的污水。最终为 570 万市民提供服务，每天处理的污水量达到 240 万 t。

除了传输污水的深隧，香港还建有 3 条雨水排放隧道，分别是港岛西雨水排放隧道、荃湾雨水排放隧道和荔枝角雨水排放隧道，用于满足防洪排涝需求，减少频繁内涝。通过截流高地地区大部分的雨水，经新建成的雨水排放隧道直接排入大海，减少雨水流向下游，从而减轻港区整体的水漫问题。其中，港岛西雨水深隧直径为 6.25~7.25m，连接隧道长约 8km，主隧道全长 11km，主隧道排水量达到 135m³/s。工程于 2007 年 11 月开工，2012 年 8 月启用；荃湾雨水深隧全长 5.1km，直径 6.5m，排水流量最高可达 220m³/s，工程隧道建成后可抵御 200 年一遇的暴雨。该工程于 2007 年 12 月开工，2013 年 3 月启用；荔枝角雨水深隧集水区为 7.18km²，可以保护下游 5.09km² 的市区。该工程于 2008 年 11 月开工，2012 年年底建成启用。

2. 广州东濠涌深隧工程

广州市地处中国东南部，国土面积为 7434km²，年降水量约为 1720mm，人口 1350 万。随着城市建筑密度加大和人口数量增多，导致雨污分流的难度加大且效果不明显。一方面，现有管网截流倍数偏低、截污不彻底，污水处理厂之间也缺乏联合运行调度的基础管网条件；城市面源污染十分严重。另一方面，广州市由于城市扩张和发展，地表硬化率增加使雨水入渗量急速下降，地表径流明显增大；城市热岛效应、雨岛效应进一步加剧了强降雨等极端天气发生的概率；城市内涝日益严重，内涝叠加溢流污染，广州市原有排水系统的瓶颈问题逐渐暴露出来。

多年来，城市建设和水务管理等部门通过管网改造，尽力消除内涝积水点，但鉴于老城区浅层地表基本已经被各种管线覆盖，可利用的空间极其有限，征地拆迁和管线迁移所需要的费用极高，工程实施对中心城区交通影响较大，因此通过浅层管网改造全面提升广州市排涝能力的难度较大。此外，面对截污不够彻底、河涌水质不稳定、老城区雨污分流困难、初雨污染和溢流污染频发等问题，沿用传统的治水方法也不能从根本上改善珠江和河涌水质。

针对广州市老城区"截污"和"内涝"两方面的排水问题，在保留并充分发挥现有排水系统和河涌水系作用的基础上，广州市开展了深隧排水系统研究。在考虑了东濠涌流域地理位置、地质条件、流域范围等因素后，在东濠涌南段沿涌西侧道路敷设一条长约 1.77km、内径 5.3m（外径 6m）的深层排水隧道，在隧道末端设置一座提升泵站，建设东濠涌分支隧道试点工程。该工程能够基本消除初雨和溢流污染，东濠涌支涌的开闸次数由每年 60 次减少到 3~5 次，全流域排水标准提高至 10 年一遇。通过深隧排水技术的应用，改善了河涌水质，并较大幅度地提高了排水、防涝标准，保障城市水安全。

3. 深圳前海-南山深隧工程

截至 2015 年底，深圳市共建成运行集中式污水处理厂 31 座，污水处理能力达到 479.5×10⁵m³/d；建成排水管渠 11634km，比 2007 年增加了近一倍。然而由于标准较低，内涝问题依然十分严重。

深圳前海地区由于水污染问题严重，加之汛期时地面各类垃圾混着雨水流入河道，生态环境不堪重负。随着前海自贸区的发展，入驻的企业越来越多，未来水环境压力还将增加。同时前海地区地质复杂、工程繁多，排水系统的边界条件也随之发生了较大变化。为有效解决前海地区水环境问题,深圳市规划建设前海-南山排水深隧系统工程,主要包括:枢纽泵站工程(排涝泵站 86m³/s、深隧调蓄池、初(小)雨提升泵站 10 万 m³/d),深隧系统工程(外径 6.7m,内径 6.0m,长 3.74km),进水接驳工程(结合井 4 座、通风竖井 1 座、关口渠进水接驳工程、郑宝坑渠进水接驳工程、桂庙渠进水接驳工程),1km 支隧系统,以及初雨水传输专管 4.39km 等。工程建成后,可解决汇水面积约为 1.222 万亩区域的排涝问题,前海防潮标准提高为 200 年一遇,防洪标准提高为 100 年一遇,排涝标准中城市雨水排水暴雨重现期提高为 5 年一遇。

4. 上海苏州河深隧工程

为基本消除苏州河初期雨水污染,改善苏州河河道水质,同步提高苏州河沿线排水系统雨水设计标准和抵抗内涝风险能力,上海规划建设苏州河段深层排水调蓄隧道系统工程(简称苏州河深隧工程)。该项目规划于 2016 年 3 月获上海市政府批复。

苏州河深隧工程西起苗圃绿地,东至福建北泵站,服务苏州河沿线 25 个排水系统,总面积约 57.9km²,涉及长宁、普陀、静安及黄浦四区。整个工程包含管径 10m 的一级深层调蓄管道约 15km,配套 8 座综合设施,建设 3~6m 的二、三级管道约 37.5km,1 座规模 15m³/s 的提升泵站和管径 3.5m 的外排管约 700m。工程建成后将同步实现苏州河沿线地区雨水系统提标、内涝防治和面源污染控制三大核心目标。

为满足深隧整体工程尽快启动、有序推进的需要,同时对整体工程土建施工风险进行管控,对工程投资合理控制,苏州河深隧工程先行实施试验段,包括管径 10m 的一级调蓄管道 1.67km 和苗圃、云岭西 2 座综合设施。试验段总投资约 21.86 亿元,于 2017 年 6 月正式开工,2021 年 9 月完成苗圃竖井基坑封底,目前正在进行隧道掘进工作。

5. 杭州城西南排工程

杭州城西区地处山区与平原交接处,地势低洼、河网密布,面临"上游来水急、中间地势低、下游排不快"的困境,历来是杭州城市防洪的"老大难"问题。随着杭州城西科创大走廊的发展,建设与杭州现代化城市副中心目标定位相适应的防洪排涝工程体系的需求越来越迫切,通过建设洪涝水高速外排通道解决城西内涝问题的需求越来越迫切。

杭州市于 2022 年 11 月启动城西南排工程建设。项目总投资 115 亿元,排涝隧洞从杭州城西片区直达钱塘江九溪段,隧道洞径 10~11m,埋深约 55m,总长约 29km。工程总体呈"Y"形布局,包含南北线和西线工程,先开工部分为南北线工程,隧道长约 17.94km,衬后洞径 11m,总投资约 77.9 亿元。项目建成后,杭州城西地区防洪排涝标准将由现在的不足 20 年一遇提升至 50 年一遇,如遇特大台风等极端天气,城西区域地面积水面积和积水量均将减少 80% 以上,直接惠及人口近 100 万,从根本上解决城西内涝问题,保障杭州城西科创大走廊防洪排涝安全。

1.1.2.3 深隧排水系统发展分析

深隧系统在国外已有较长的研究历史,工程理论与经验积累较为丰富。国内深隧系统的研究与工程实践起步较晚,但随着城市环境发展和治理要求的提升,深隧技术将会被更多城市考虑及采用。深隧作为解决城市排水问题的新方法,相比于传统的浅层排水管网系统,既有优势,又有其局限性,对比如表 1.1-2 所示。

深隧工程与常规雨污分流改造工程对比 表 1.1-2

方案对比	深隧建设方案	雨污分流方案
洪涝控制能力	较强	较弱
污染控制能力	较强	较弱
适用城市类型	特大城市	特大、大、中型城市
适用区域	中心城区、老城区	部分老城区除外
满足城市未来发展程度	较好	较弱
征地拆迁影响	较小	较大
对交通的影响	较小	较小
对地表环境的影响	较小	较大
对地下空间的影响	较小	较大
工程量	较大	较小
建设周期	较长	较短
施工难度	较大	较小
运行费用	较高	较小
初始投资	较高	较小
总投资	较高	较高

在城市溢流污染和洪涝控制方面，深隧系统凭借突出的传输能力以及配套的调蓄设施，可以有效改善城市中心城区的排水能力，解决溢流污染和内涝问题。深隧位于城市深层或次深层地下空间，避开了浅层管网、地铁等设施，提高了地下空间利用效率，满足城市未来发展需要。深隧的建设方式通常采用盾构等暗挖方式，避免了城市路面开挖，对地表交通和环境影响较小，施工期间受地面环境限制也较小。针对工程投资，深隧在某些情况下具有特殊优势，如针对老城区及其他环境复杂区域，常规雨污分流改造需要对区域进行系统性改造，受制于空间资源、交通影响以及拆迁问题，成本巨大。采用深隧施工，仅在局部新改扩建管道、调蓄等设施，成本更低，经济性更好。

但深隧工程并不是解决城市排水问题的万能良药。深隧施工周期长、工程量大、初期投资高、运行维护与管理复杂。从城市发展的角度以及国外成熟的工程案例经验来看，深隧更加适合在土地资源紧张、人口密度大、洪涝灾害严重，环保要求更加严格的特大、超大城市。不同城市发展规模、经济条件、人口密度、水文地质条件差异较大，面临的排水突出问题不尽相同，城市区域是否适合建设深隧，需要建设何种类型的深隧，如何与现有城市规划及排水系统顺利衔接，发挥更大作用，产生更加良好的社会效益和经济效益，也都需要根据城市实际情况充分论证与研究。

1.2 依托工程概况

1.2.1 项目背景

武汉市是湖北省省会，湖北省政治、经济和文化中心，世界第三大河长江及其最大的支流汉水在此相汇。武汉市城区由隔江鼎立的武昌、汉口、汉阳三部分组成，通称为武汉三镇，截至 2022 年末，常住人口 1373.90 万，属于超大城市。

武汉市河流、湖泊众多，自古以来有"江城"和"百湖之市"的美誉，水域面积共计 2217.6km²，占全市总面积的 25.6%。在众多湖泊水系中，以东湖——中国最大的城中湖为主的大东湖生态水网是与城市紧密联系的城市生态水系。大东湖生态水网主要由东湖、沙湖、杨春湖、严西湖、严冬湖和北湖组成，跨武昌区、青山区、洪山区和东湖新技术开发区、东湖生态旅游风景区，区域内国土面积 436km²，湖泊汇水面积 376km²。随着经济的快速发展，由于城市生活污水直排，江湖联系阻断以及湖泊无序养殖等原因，大东湖生态水网承受的环境压力越来越大。在 21 世纪初，水网六湖中，除严东湖水质为Ⅲ类外，其余湖泊水质均为Ⅳ类或劣Ⅴ类。为有效改善水网环境质量，2009 年国家发展改革委正式批复《武汉市"大东湖"生态水网构建总体方案》，自此开展了对大东湖生态水网的系统治理。

大东湖生态水网区域内规划有龙王嘴、沙湖、二郎庙、落步嘴等 12 座污水处理厂，其中沙湖、二郎庙和落步嘴三座污水处理厂位于核心区域内。由于建设较早，三座污水处理厂均面临区域发展导致厂区中心化的问题。同时，随着污水处理量的提升和污染物总量减排的严格要求，三座污水处理厂处理能力和处理标准难以达标，提标改造又缺少土地资源。如何合理、有效解决核心区内污水处理难题迫在眉睫。

为改善武汉市水环境生态状况，优化城市污水处理设施布局，合理解决区域发展导致污水处理厂被中心化问题，并尽快满足城市污水总量和污染物减排的要求，减轻污水处理压力与对环境的影响，武汉市在对城市核心区内沙湖、二郎庙和落步嘴污水处理厂提标改造的基础上，提出"四厂合并、深隧传输"的污水处理解决方案。将现有污水处理厂搬迁至北湖污水处理厂集中处理，建设大东湖核心区污水传输系统工程，利用深隧传输城区污水，实现污水统一收集、高效传输与处理。

1.2.2 项目简介

大东湖核心区污水传输系统工程（简称大东湖深隧项目），是国内首条正式建造并投入运营的城市深层污水传输隧道，主要功能为收集武汉大东湖生态核心区内污水，通过"预处理＋深隧传输"的方式将污水输送至北湖污水处理厂进行深度处理。工程服务范围包括大东湖核心区内的沙湖、二郎庙、落步嘴及白玉山污水系统，共计约 130.35km²，传输规模为 80 万 t/d；远期控制服务范围将增加武钢和龙王嘴污水系统，合计 200.25km²，传输规模为 100 万 t/d，工程建设内容主要包括：

（1）地表完善系统：沙湖污水提升泵站（处理规模 1m³/s，下同）及配套管网，二郎庙预处理站（9.8m³/s）及配套管网，落步嘴预处理站（5.7m³/s）及配套管网，武东预处理站（2.4m³/s）及配套管网。

（2）污水深隧系统：二郎庙预处理站至北湖污水处理厂共计约 17.6km 污水主隧工程，直径 3000～3400mm；落步嘴预处理站至三环线支隧工程，直径 1650mm，长度 1.7km。

大东湖深隧项目总投资约 30.29 亿元，采用 PPP 模式中的 BOT（建设—运营维护—

移交）运作方式，合作期限为12.5年（其中建设期2.5年，运营期10年）。武汉市水务局为项目实施机构，武汉市城市建设投资开发集团有限公司（以下简称武汉市城投集团）为政府方出资代表。中建三局集团有限公司与武汉市城投集团合资组建项目公司，负责本项目的投融资、勘察、设计、建设、运营、维护、移交全过程管理工作。工程于2017年8月20日开工，2020年8月31日通水试运行，2020年12月30日通过竣工验收，目前已进入正常运营阶段。项目信息如表1.2-1所示。

项目信息表 表1.2-1

序号	名称	编列内容
1	项目名称	大东湖核心区污水传输系统工程
2	授权主体	武汉市人民政府
3	实施机构	武汉市水务局
4	政府出资方	武汉市城投集团
5	社会资本方	中建三局集团有限公司
6	建设地点	武汉市青山区、洪山区、武昌区、东湖风景区
7	建设单位	中建三局湖北大东湖深隧工程建设运营有限公司
8	设计单位	武汉市政工程设计研究院有限责任公司、泛华建设集团有限公司湖北设计分公司、中铁第四勘察设计院集团有限公司联合体
9	勘察单位	武汉市勘察设计有限公司、武汉华中岩土工程有限责任公司、武汉市政工程设计研究院有限责任公司联合体
10	监理单位	四川铁兴建设管理有限公司与武汉扬子江工程监理有限责任公司联合体、中煤科工集团武汉设计研究院有限公司与武汉飞虹建设监理有限公司联合体、武汉市政工程设计研究院有限责任公司与武汉市程益工程建设项目管理有限公司联合体
11	运行单位	中建三局湖北大东湖深隧工程建设运营有限公司
12	质监部门	武汉市水务工程质量安全监督站
13	安监部门	武汉市水务工程质量安全监督站
14	建设规模	近期服务面积130.35km²，设计规模80万t/d；远期服务范围200.25km²，设计规模100万t/d
15	建设内容	污水深隧系统：二郎庙预处理站至北湖污水处理厂总共约17.5km污水主隧工程，落步嘴预处理站至三环线支隧工程，长度约1.7km。 地表完善系统：沙湖污水提升泵站及配套管网、二郎庙预处理站及配套管网、落步嘴预处理站及配套管网、武东预处理站及配套管网
16	项目合作期限	12.5年（其中建设期2.5年，运营期10年）

1.2.3 主要建设内容

1.2.3.1 地表完善系统

大东湖深隧项目地表完善系统共包括1座提升泵站、3座预处理站。预处理站采用"粗格栅（20mm）+细格栅（6mm）+曝气沉砂池+精细格栅（3mm）"的强化预处理工艺，用于去除汇流污水中的杂物、砂砾等，避免其进入隧道造成淤积，预处理规模共计17.9m³/s。

1. 沙湖污水提升泵站及配套管网

沙湖污水提升泵站主要提升沿沙湖大道敷设的 D1350mm 重力干管来水，并将水果湖泵站及东湖路泵站来水经厂内高位水池混合后传输至二郎庙污水预处理站。主要构、建筑物包括：进水间、格栅间、泵房、高位水池、事故溢流井、除臭设施、综合管理楼及变配电间、流量计井等，提升规模为 1m³/s。

配套管网包括污水进站及出站管道，污水进站管道包含重力管道（钢筋混凝土管，d1000mm/d1350mm）和压力管道（球墨铸铁管，DN1000mm；焊接钢管，D1020mm），泵站出水管道站内部分为 2×D1420mm 焊接钢管，出站后为 2×DN1400mm 球墨铸铁管。

2. 二郎庙预处理站及配套管网

二郎庙预处理站主要是对沙湖和二郎庙地区污水进行预处理，主要构、建筑物包括：粗格栅间及提升泵、细格栅间、曝气沉砂池、精细格栅间、流量计井、入流竖井、除臭设施、综合管理楼等，预处理规模为 9.8m³/s，如图 1.2-1 所示。

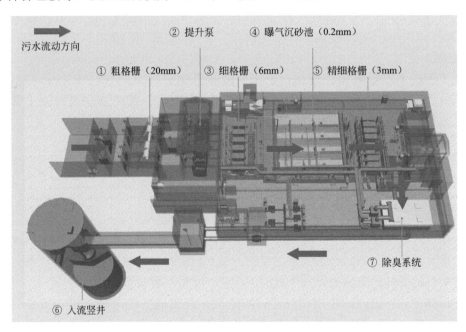

图 1.2-1　预处理站工艺流程图（以二郎庙预处理站为例）

二郎庙地区污水通过沿团结大道重力流管道（d1800mm）、铁机路重力流管道（d2400mm）传输至预处理站，进站时采用 F 型钢承口式钢筋混凝土管顶管施工。沙湖地区污水通过沙湖泵站-杨园南路 2×DN1400mm 球墨铸铁压力管输送至预处理站，为避免现状道路被破坏，进站时采用 D1420mm 焊接钢管顶管施工。

3. 落步嘴预处理站及配套管网

落步嘴预处理站主要是对落步嘴地区污水进行预处理，远期增加来自武钢的部分污水，主要构、建筑物包括：粗格栅间及提升泵房、细格栅间、精细格栅间、曝气沉砂池、流量计井、入流竖井、除臭设施、综合管理楼等，预处理规模为 5.7m³/s。

预处理站污水进站管道从位于三环线东侧的现状落步嘴污水处理厂进水管道的检查井处，新建一条 d2000mm 污水管道，将落步嘴地区污水传输至预处理站。

4. 武东预处理站及配套管网

武东预处理站主要是对武钢南部地区及武东部分地区污水进行预处理，远期增加来自武钢及白玉山地区的部分污水，主要构、建筑物包括：粗格栅间、提升泵房、细格栅间、精细格栅间、曝气沉砂池、流量计井、入流箱涵、入流竖井、事故排放井、溢流泵房、溢流水池、除臭设施、阀门井、综合管理楼等，预处理规模为 2.4m³/s。

地区污水主要通过武东南线 d1000mm 截污干管与武东东北侧 d1200mm 干管，汇流后经 d1200mm 管道进入预处理站。

1.2.3.2 污水深隧系统

1. 主隧工程

主隧工程西起二郎庙预处理站，东至北湖污水处理厂，隧道全长约 17.5km，包括 9 个竖井，9 个区间隧道，隧道埋深 30～50m，最长区间 3.6km，最小转弯半径 250m，采用盾构法进行施工。主隧包括三种断面类型，分别为 D3000mm、D3200mm、D3400mm。隧道断面设计为 25cm 厚预制管片加 20cm 厚 C40、P12 现浇钢筋混凝土二衬的叠合式衬砌。

2. 支隧工程

支隧工程起于落步嘴预处理站，止于主隧 4 号汇流井，总长约 1.7km，埋深 20～35m。采用顶管法施工。结构为内径 1650mm、壁厚 200mm 的 F 型钢筒混凝土管双管平行布置，净间距 2.5m，纵断面坡降为 5‰。

1.2.4 项目重难点

1.2.4.1 深隧设计重难点

1. 深隧传输系统规划与关键工艺参数设计

采用深层隧道传输方式时，需要考虑城市污水处理设施的空间布局、污水处理规模增长以及未来发展规划，策划合理的路由线路，满足当前以及未来的污水处理需求，并减少工程实施中征地拆迁、道路破除及恢复的工作量，降低工程投资费用。

由于深隧工程在国内的应用仍处于前期阶段，尚无成熟的工程案例和相关的设计规范、标准可参考，这给深隧系统中诸多关键参数的设计选取带来了挑战。污水携带大量杂质，长距离输送过程中极易发生淤积，影响系统运行，需要合理确定深隧设计流速、冲洗流速，减少隧道淤积，降低运行风险。在此基础上，合理选择压力流或重力流的传输方式，确定隧道断面形式、坡度、排气方式等。

2. 排水隧道入流方式设计

深隧工程中入流竖井是连接地表完善系统与污水隧道系统的关键节点，同时也是消除污水水流动能和势能，并去除掺杂气体的关键结构。常用的入流竖井有直落式、折板式和旋流式，不同的入流方式在功能、施工和运行管理方面各有优缺点，因此针对大东湖深隧的特点，需要采用数学模型、物理模型等非常规设计手段确定合理的入流竖井形式，并确定其工艺、结构设计参数。

3. 大埋深高内外水压条件下污水隧道结构体系设计

大东湖深隧平均埋深超过 30m，最大内水压力超过 0.3MPa，最大外水压力超过 0.4MPa，属于深埋、高内外水压环境，对隧道结构的承载能力提出了更高的要求。目前国内外已建成的排水隧道中，采用单层衬砌和双层衬砌均有成功案例可循，对于采用何种衬砌结构形式，对工程造价、工期均有较大影响，需要进行详细的优缺点比选。

由于隧道传输介质为污水，具有一定的腐蚀性，容易侵蚀隧道结构。本工程设计使用年限为 100 年，结构埋深大，如出现污水外渗，将严重污染周边土体，因此对于隧道结构耐久与防渗防漏设计是整个工程的关键性技术之一。

1.2.4.2 深隧施工重难点

1. 盾构及二衬等施工设备要求高

（1）复杂地质条件下小直径盾构设备要求高

大东湖深隧项目主隧盾构隧道埋深大、施工距离长，沿线水文地质条件复杂、洞径狭小制约作业空间，需对盾构机进行针对性选型、优化和改造，提高盾构机性能。

（2）小直径隧道超薄二衬施工设备要求高

主隧盾构隧道断面小，区间距离长，二衬施工作业空间受限，制约人工与机械投入，难以实现多工作面施工，施工工效低；二衬混凝土长距离水平运输难度大，运输效率低，入模质量难以保障。需研发针对性的二衬施工设备以满足施工质量和工效要求。

（3）大埋深曲线岩石支隧顶管长距离顶进困难

大东湖深隧项目支隧设计为双线顶管工程，顶管埋深大，最深为 32m，顶进线形为 S 形双曲线，管间净距仅 2.5m，单管内径 1650mm、单次顶进距离高达 927m，一次顶进阻力大，周围岩层复杂多变，对中继间设置、顶进减阻措施以及导向和姿态控制要求高，整体施工难度大，国内尚无成功先例。

（4）深竖井基坑施工中人员垂直输运困难

深隧竖井开挖深度较大，最大基坑开挖深度达 51.5m。竖井基坑施工期间人员上下通行主要依靠楼梯，工人劳动强度大且通行效率低下。为提高竖井施工工效，需要开发可靠的、适用于深基坑施工的人员升降设备。

2. 工期紧张，质量要求高，常规技术难以实现建设目标

（1）小断面深竖井高效开挖支护技术难度大

深隧竖井包括双向始发井、单向始发井、过站井及接收井 4 种，平面尺寸（15m×11m）～（49m×11m），基坑深度 32.8～51.5m。所有竖井基坑均不同程度入岩，硬岩地层内桩墙支护结构施工难度大，工效低；部分岩质基坑位于城区重要建构筑物附近，常规爆破开挖方式不适用，需研究非爆破开挖方法；竖井基坑均采用混凝土支撑，内支撑多而密集，最多达 12 道支撑体系，竖井断面小，空间受限，交叉作业频繁，内支撑施工效率低。

（2）小直径隧道超薄二衬施工组织难度大

主隧盾构隧道直径小，二衬作业人工、机械投入受限，施工组织难度大，效率提升困难；隧道区间长，混凝土长距离水平运输难度大，运输效率与入模质量难以保障，需结合

特制的二衬施工设备研发配套的施工技术。

（3）高承压水头富水砂层盾构水下接收困难

大东湖深隧区间跨度广，主隧首尾（1～3号、8～9号）2个区间位于长江Ⅰ级阶地，所处地层为富水砂层，盾构到达接收时降水深度达40m，且隧道洞身范围上部为砂层，下部为岩层，水位难以降到岩面，接收过程安全风险大。

（4）湖底岩溶强发育区盾构穿越风险大

主隧6～7号区间下穿严西湖，穿越地层为岩溶强发育区，见洞率高达81.8%，盾构穿越风险大，湖泊区域环保要求常规岩溶处理方式难以满足项目实施需求。

1.2.4.3 深隧运维重难点

1. 深隧运营联合调度困难，长期运行存在淤积风险

大东湖深隧总长约20km，服务范围约130km²。项目共运营1座污水提升泵站、3座污水预处理站、3座竖井站点，管控沿线17座泵站、13处闸口和8处湖港，设施种类与数量繁多。同时，深隧下游连接北湖污水处理厂，为厂区提供主要进站污水，系统联合调度管控要求极高。

深隧实际运行过程中，污水入流水量可能呈现较大波动，对管网运行的稳定性与安全性造成一定风险，尤其是在低流量运行过程中，低流速将产生较大的淤积风险，不利于深隧长期运维，因此需要开展深隧长期运行淤积风险的评估工作，为深隧运行调度提供决策支持。

2. 深隧运行风险高，无停水检修条件，运行检测困难

大东湖深隧结构外部承载土体荷载，内部承受污水压力，受力情况复杂，同时污水腐蚀性强，长期运行容易发生结构侵蚀导致渗漏，从而引发隧道整体的结构安全问题以及污水外渗污染地下水的不可逆的环境风险。同时，长距离污水输送过程中污水杂质易发生沉积，造成淤积，影响隧道传输效率与运行安全。

由于深隧埋深大，线路长，运营期间仅保留2座入流竖井和3座通风竖井，区间最短距离2.9km，最长4.2km。运行期间隧道为满管压力流，单线传输方式，无备用隧道可供切换，因此不具备停水检修条件，总体可维护性较差。针对隧道内部的运行状况缺少有效的检测手段。若出现隧道结构损伤或局部淤积，人员或设备难以进入隧道进行处理。

为保障隧道在设计使用年限内的稳定运行，延长隧道服务寿命，需要研究适用于污水深隧的结构健康监测与水下巡检系统，实现运营期深隧内部状况的观测、检查以及必要性修复。

3. 深隧穿越城市建成区，外部破坏防范困难

大东湖深隧穿越武汉市武昌区、洪山区、青山区等多个中心城区，城市内地上、地下建设工程点多面广，如勘察钻探、桩基施工、穿越施工等都将影响深隧结构安全，可能引发结构破损，污水渗漏，造成生态污染等严重的社会与环境问题。采用人工巡检方式时人员劳动强度大，巡检过程中受到沿线场地、自然地形地貌的限制较大，难以及时掌握隧道沿线风险源，需要开发更加智能的巡检方法，提高巡检效率，降低巡检人员工作强度。

1.3 深隧关键技术总述

1.3.1 深隧规划设计关键技术

1.3.1.1 设计总体方案

在贯彻环境保护的基本国策，执行国家对环境保护、城市污水治理的有关政策、法规、规范及标准下，结合工程规划、实施规模、路由选线、竖向布置、输送方式等设计要点，形成深隧总体设计方案：

（1）结合工程服务范围的现状及规划，确定污水传输系统的近期及远期建设规模。

（2）基于功能优先、减少环境影响，易于实施的原则，在充分考虑工程量、用地控制、实施难度、对地面与地下空间的影响、运行安全性、环境影响、远景方案规划等因素，合理设计污水深隧路由，尽量保证线型顺直、利于系统建设与运行。

（3）结合传输系统中的气、液及固相物质的特性，通过数学模型、物理模型试验确定污水传输系统中流速、输送方式等关键设计参数。

1.3.1.2 地表完善系统设计

（1）为去除污水中漂浮物、易沉积物和粒径 0.2mm 以上的砂粒，避免其进入隧道造成淤积，保证隧道系统正常运行，采用粗格栅＋细格栅＋曝气沉砂池＋精细格栅的强化处理工艺，并对工艺设备进行比选。

（2）针对浅层污水汇入深层隧道易出现的隧道空化空蚀破坏问题，采用数值模拟方法，对不同形式的入流竖井在气液分离效果、整流效果、池体受力情况以及消能效果等方面进行分析，基于分析结论，最终确定采用涡流式入流工艺（见图 1.3-1）。

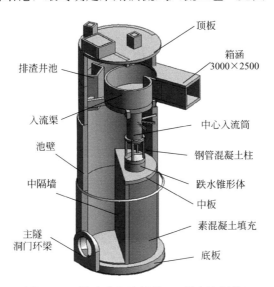

图 1.3-1 涡流式入流竖井（1 号入流竖井）

1.3.1.3　污水隧道系统设计

（1）分析污水隧道结构腐蚀破坏机理，基于大东湖区污水特性开展污水对混凝土和钢筋的加速腐蚀试验，得出结构腐蚀劣化规律，指导污水隧道结构形式优化。

（2）针对污水深隧大深埋、小内径、内外高水压、高应力状态下的污水盾构隧道结构力学特性进行研究，揭示结构受力机理，确定了污水隧道管片＋现浇钢筋混凝土的双层衬砌形式，优化关键设计参数。基于污水隧道工况与施工条件对隧道结构防水、防腐设计进行研究与创新。

1.3.2　深隧建造关键技术

1.3.2.1　深基坑

（1）针对深隧基坑深度大、断面小，入岩深度大，地质条件复杂，常规方法施工地下连续墙效率低等问题，研发软土及硬岩地层组合成槽技术，保证地下连续墙成槽质量和施工进度。

（2）针对深基坑爆破开挖施工对基坑支护及周边建筑物扰动较大，高入岩率基坑传统机械开挖效率低等问题，研发超深岩质基坑非爆破开挖技术，提高传统非爆破开挖效率。

（3）针对深竖井环框梁施工空间狭窄，钢筋及模板安装难度大、效率较低等问题，优化环框梁钢筋形式与安装方法，开展快速支模体系研究。

（4）针对深竖井施工过程中人员垂直输运困难的问题，研发悬挂式顶部加节向下延伸式施工升降机，对升降机的构成和结构进行合理设计和调试。

1.3.2.2　盾构

（1）针对小直径盾构隧道施工过程中存在的设备径向空间不足、地层条件复杂、设备运行稳定性差等问题，展开大埋深高承压密封结构、长寿命主驱动、长距离复杂地质刀具磨损带压实时检测技术等盾构机关键技术研究。

（2）针对深隧竖井深度大、尺寸小，盾构设备难以一次性始发的问题，开展狭小竖井小盾构双向分体始发技术，提高盾构始发效率，降低始发难度。

（3）针对盾构穿越长距离水下岩溶发育地层时施工安全风险较大的问题，重点研究岩溶段施工处理技术，保障岩溶处理与盾构掘进施工安全，且能有效保护湖体水系。

（4）针对盾构隧道在大埋深、高承压水、透水性强的地层中接收施工，采用传统方法降水效果难以到位的问题，开展高承压水头富水砂层盾构水下接收技术的研究，提出合理的盾构水下接收方案。

1.3.2.3　二衬

（1）针对本项目长距离、小直径、小转弯半径隧道物料运输、衬砌施工难度较大的问题，为提高施工效率，开展小直径隧道起重及运输设备、拱墙施工衬砌台车的设计研发，实现二衬机械化高效施工。

（2）针对隧道二衬施工过程中存在的施工作业空间小、区间施工距离长等问题，为保证二衬施工质量和运营寿命，从施工组织设计、长距离混凝土输送与浇筑等方面展开专项研究。

1.3.2.4 顶管

（1）针对本项目支隧工程地质条件复杂，单次顶进距离长，设备可靠性要求高等特点，开展适用于硬岩地层长距离大埋深曲线隧道施工的顶管机研发及应用研究。

（2）针对支隧施工过程中顶进阻力大、长距离曲线顶管导向控制难，开展顶管中继间设置与顶进注浆减阻、全自动高精度自动导向测量技术研究。

1.3.3 深隧运营维护关键技术

1.3.3.1 智慧深隧系统

（1）建立智慧深隧综合管控平台，研发相关流量测量技术，搭建深隧水动力模型及深隧淤积模型，对管道内的水力状态进行实时分析，实现深隧淤积风险的预警及处理。

（2）通过对深隧管线运营数据的全面在线管控，特别是对于生产过程参数指标和设备运行状态的监控，基于深隧运行中的调度需求，辅助运行人员合理调整系统运行方案，做好现场安全生产及异常情况管理，具备智慧展示、智慧控制、智慧调度、智慧管理等功能。

1.3.3.2 健康监测系统

建立隧道健康监测系统，设置健康监测研究断面，对隧道在运营期的主体结构应力、应变、渗压等特征参数进行采集，建立数据监测和管理分析平台，开展运营期间污水深隧系统主体结构健康状态的实时评估与预警研究。

1.3.3.3 深隧机器人

（1）开发深隧专用巡检机器人，针对大东湖深隧工程特点和运维需要，设计机器人本体运动模式和结构组成，对机器人材料选型和设备集成进行优化。

（2）针对隧道内高流速、低能见度的作业环境以及深隧竖井结构复杂、不具备垂直布放条件等特点，对水下机器人检测系统、导航系统和布放回收系统等作业系统进行专项设计。

（3）基于缆轴系统控制算法、机器人位姿感知以及全姿态闭环控制原理，研发变流速下水下机器人长距离作业稳定控制技术。

本章参考文献

[1] 刘家宏，夏霖，王浩，等．城市深隧排水系统典型案例分析 [J]．科学通报，2021，62（27）：3269-3276．
[2] 何巍伟，王梦华，武今巾．深层排水隧道研究进展 [J]．科技资讯，2023，21（3）：59-64．

2 污水深隧设计关键技术

城市污水深隧工程在国内正处于起步阶段，缺少相应的设计标准或规范供参考，规划设计技术体系仍不完整、不成熟。在深隧工程规划阶段，综合考虑城市区域建设现状、人口密度与排水规模、水文地质条件、未来发展规划等因素，明确深隧工程要解决的排水问题，分析工程实施难度。通过技术、经济比选，合理确定深隧工程规模、路由方案以及传输模式。污水深隧工程主要包括地表完善系统和污水隧道系统。通过设备比选与入流竖井运行模拟分析，优化预处理工艺流程与竖井结构设计，提高工程耐久与经济性。针对污水隧道结构耐久与防渗，开展试验研究，明确污水对钢筋混凝土材料的腐蚀破坏机理，以此为基础开展盾构隧道衬砌结构设计，改善结构力学性能，提高结构防水防腐能力。通过上述技术研究，完善城市污水深隧规划设计技术体系。

2.1 设计总体方案

2.1.1 规划方案

2.1.1.1 规划背景

为改善武汉市水环境生态状况，创建"两型"社会示范区，武汉市向国家提出了建设大东湖生态水网的方案，2009年5月国家发展改革委正式批复同意《武汉市"大东湖"生态水网构建总体方案》。作为大东湖水网工程的启动工程——楚河工程已经实施，滨渠商业街汉街已经建成运营，东沙湖地区改造有序展开，地区品质得到较大提升。

沙湖污水处理厂位于武昌东沙湖地区，临近武汉著名中央文化区"楚河汉街"，是武汉市第一座城市污水处理厂，于1993年建成。厂区占地面积119亩，日处理规模为$15 \times 10^4 \text{m}^3$，服务范围$16.9 \text{km}^2$，服务人口约33.29万。处理工艺包含倒置$A^2/O$和$A^2/O$二级生物处理工艺，尾水水质执行一级B标准。

二郎庙污水处理厂地处二环，属于武昌徐东商圈范围。该厂分两期建设，一期工程于1999年开工，2002年竣工，二期工程于2010年完工并投入运行。二郎庙污水处理厂占地面积460亩，日处理规模$24 \times 10^4 \text{m}^3$，服务范围$32.2 \text{km}^2$，服务人口48.5万。处理工艺采用$A^2/O$二级生物处理工艺，尾水水质执行一级B标准。

落步嘴污水处理厂位于武昌三环线和友谊大道交汇处，于2009年建成投产。污水处理等级为二级，采用A/O处理工艺，尾水水质执行一级B标准，最大处理能力为$8 \times 10^4 \text{m}^3/\text{d}$。规划服务面积$48.4 \text{km}^2$，服务人口49.66万。

大东湖核心区污水处理厂参数统计见表 2.1-1。

大东湖核心区污水处理厂参数统计 表 2.1-1

序号	名称	处理规模/(m³/d)	工艺类型	出水标准
1	沙湖污水处理厂	15×10^4	倒置 A^2/O、A^2/O 二级生物处理	一级 B
2	二郎庙污水处理厂	24×10^4	A^2/O 二级生物处理	一级 B
3	落步嘴污水处理厂	8×10^4	A/O 处理	一级 B

随着武汉市的快速发展，城市核心区版图随之快速扩张，三座建成已久的污水处理厂均不同程度地面临着"被中心化"问题。污水处理与城市发展规划、人居环境改善之间的矛盾持续加剧。同时，伴随城市人口增长，污水排放量持续攀升，给污水处理厂带来了巨大压力，沙湖污水处理厂进水量已超过其处理能力，已计划搬迁并将来水纳入二郎庙污水处理厂处理规划。三座污水处理厂的尾水均执行一级 B 排放标准，低于国家现行的一级 A标准，与武汉城市生态环境的发展要求不相符。以上三座污水处理厂均地处城市中心，缺少土地资源进行提标改造。

为了满足国家、省政府对武汉市污水处理和污染物总量减排的要求，三座污水处理厂必须尽快完成提档升级，北湖污水处理厂急需马上建设。如何合理、有效解决这四座污水处理厂的污水处理问题，成为推动大东湖核心区生态水网建设的重要一环。

2.1.1.2 方案内容

为科学推进污水处理厂的改、扩建工程，2014 年武汉市研究制定《沙湖、二郎庙污水处理厂搬迁及落步嘴污水处理厂改造工程规划方案》，并在后续确定采纳"四厂合并和深隧传输"的污水处理方案：基于统筹解决区域污水治理、内涝防治和初雨控制等问题的考虑，决定将四座污水处理厂搬迁至北湖集中处理，实现污水污泥达标排放，采用深隧技术传输现有污水处理厂污水；同时利用另一根雨水深隧调蓄超标排涝污水，提升城市环境品质。考虑城市污水处理的紧迫性和深隧功能与定位的不同，深隧工程"整体规划，分项建设"，率先启动污水深隧工程。

深隧系统总体布局如图 2.1-1 所示，其中北线隧道功能定位为污水输送型系统，南线隧道功能定位为初期雨水调蓄和污水输送型系统，为复合功能系统。近期仅实施北线"四厂合一"传输系统，南线传输系统待未来条件成熟后再实施。

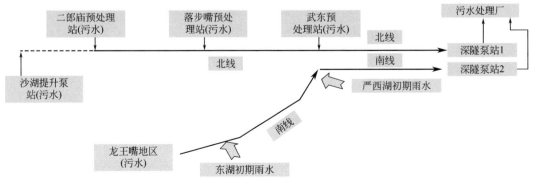

图 2.1-1 深隧系统总体布局

远期规划的雨水隧道在旱季可作为污水隧道的应急备用,因此在北线隧道的规划中,预留远期与雨水隧道的接口。同时北线隧道平面布置时预留雨水隧道平面用地,污水处理厂内预留雨水隧道泵站用地,如图 2.1-2 所示。

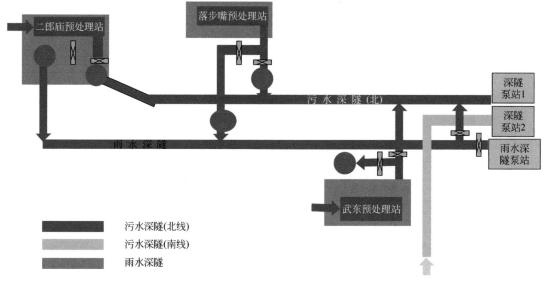

图 2.1-2   设计北线隧道与雨水隧道预留接口示意图

2.1.1.3   污水深隧与污水处理厂的关系

根据工程划分,以厂区红线为界,污水深隧及地表完善系统为大东湖核心区污水传输系统工程。污水深隧泵站与污水处理、尾水排放工程属于北湖污水处理厂及其附属工程。大东湖核心区内的污水通过污水深隧系统,传输至北湖污水处理厂内,通过深隧泵站提升后,进入后续深度处理工艺。深隧系统水位、水量变化与深隧泵站的调度有着密切的关系,需要系统设计、联动运行,如图 2.1-3 所示。

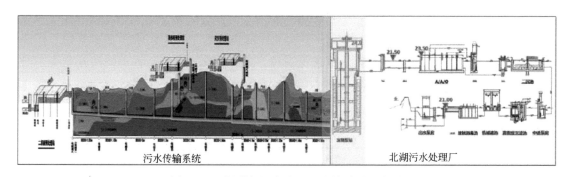

图 2.1-3   深隧与污水处理厂连接关系示意图

1. 正常运行时深隧与污水处理厂关系

由于污水深隧泵站主要通过高位水池堰后水位控制污水处理厂流量,因此,与深隧系统关系密切的主要参数为泵站前池水位。实际运行中,将通过泵站前池水位变化,确定污水处理厂水量。当雨季或者水量变大时,泵站前池水位上升,需要增加水泵运行。当前池水位下降时，流量减少，需要减少水泵运行。

2. 应急运行时深隧与污水处理厂关系

若发生特殊事件，深隧系统需要与污水处理厂联动运行。当污水处理厂减产或深隧输送水量大于污水处理厂处理能力时，超量污水需进入深隧前地表溢流和深隧泵站提升后超越溢流双通道；当污水处理厂停产或者因其他事故无法运行时，地表污水将通过预处理站后溢流，不进入深隧系统；当由于地表系统原因，进入深隧污水量减少时，根据深隧泵站水位和运行台数变化，污水处理厂处理单元也应相应进行调整。

2.1.2 规模分析

2.1.2.1 现状污水量分析

沙湖污水处理厂设计规模为 15 万 t/d，2011 年沙湖污水处理厂进水水量随季节变化波动较大，最大日进水量达到 16.1 万 t，如图 2.1-4 所示。沙湖与二郎庙污水处理厂联通管道修建之后，沙湖污水处理厂运行基本稳定，2014 年进厂水量稳定在 16 万 t/d 左右，且随季节变化较为平稳。由于沙湖污水处理厂处于城市中心，用地格局规划和人口已趋于稳定，进水量增长幅度较小。

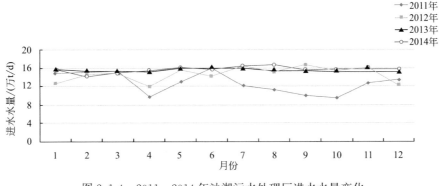

图 2.1-4　2011～2014 年沙湖污水处理厂进水水量变化

二郎庙污水处理厂 2011～2013 年平均进厂污水量均在 22 万 t/d 左右，2014 年平均进水在 20 万～27 万 t/d，如图 2.1-5 所示。由于沙湖、二郎庙污水收集系统内存在部分合流

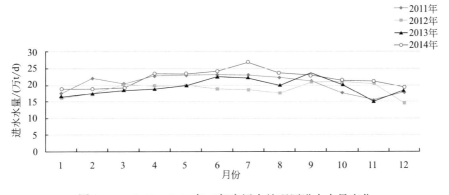

图 2.1-5　2011～2014 年二郎庙污水处理厂进水水量变化

区，但雨季超负荷部分污水在进厂前溢流至罗家港排入长江，因此统计数据显示雨季进水量虽有变化，但变化幅度不大；冬季平均污水量略低于夏季平均污水量。二郎庙污水处理厂位于二环线内，主要收纳徐东地区污水。随着徐东商圈的不断发展，人口和建筑密度将会进一步提升，因此，随着管网收集率的完善，分流制的逐步改造，二郎庙地区污水量将有显著增长。

落步嘴污水处理厂 2014 年平均日进水量在 2.4 万～8 万 t，进水量总体呈上升趋势，如图 2.1-6 所示。由于该地区污水管网及提升泵站的建设相对滞后，地区污水不能被有效地收集并输送至污水处理厂，造成实际进水水量远低于污水处理厂处理规模。2015 年该地区内所有泵站建设完成投入运行后，落步嘴污水系统实际污水量达到 11.5 万～16.5 万 t/d，平均污水量约为 14 万 t/d。

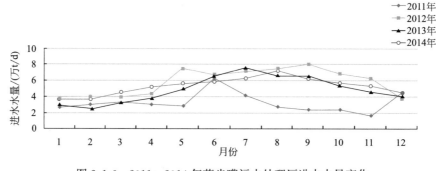

图 2.1-6 2011～2014 年落步嘴污水处理厂进水水量变化

由于 2014 年底白玉山污水处理厂尚未建成，缺少污水量资料作为参考，结合地区开发建设现状，根据调查统计，白玉山地区污水量约为 3 万 t/d（表 2.1-2）。

现状污水量一览表　　　　　　　　　　　　　　　表 2.1-2

名称	现状实际污水量/($10^4 m^3$/d)	实际污水处理量/($10^4 m^3$/d)
沙湖污水处理厂	16	15
二郎庙污水处理厂	24	24
落步嘴污水处理厂	14	6
白玉山地区	3	—
合计	57	45

注：本案例以 2014 年为现状，以 2020 年为近期规划年限，2049 年为远期规划年限，下同。

2.1.2.2　污水量预测

为了合理预测"四厂合一"后污水处理总量规模，采用人均综合生活用水量指标预测法、分类水量预测法和单位分项建设用地指标法三种方式对污水量进行预测。其中，沙湖、二郎庙、落步嘴地区主要以生活居住和配套建设为主，人口密度较大，用水量根据容积人口控制总体规模较为准确，因此采用以上三种方法计算得到的平均值确定片区污水量。白玉山地区以工业为主，人口密度较小，根据用地控制较为合适，因此采用分类用水量预测法和单位分项建设用地指标法的平均值确定污水量。

1. 计算参数（见表 2.1-3～表 2.1-6）

各片区规划人口一览表　　　　　　　　　表 2.1-3

项目		沙湖	二郎庙	落步嘴	白玉山	小计
规划人口规模/万人	近期(2020 年)	44.3	70.5	51.6	11.1	177.5
	远期(2049 年)	45.7	94.06	95.73	14.55	250.04

单位人口综合用水量指标　　　　　　　　　表 2.1-4

区域	近期指标/[L/(人·d)]	远期指标/[L/(人·d)]
沙湖	500	500
二郎庙	500	500
落步嘴	500	500
白玉山	500	500

分类用水量指标　　　　　　　　　表 2.1-5

分类	区域	近期指标	单位
生活用水量	沙湖、二郎庙	480	L/(人·d)
	落步嘴	480	L/(人·d)
	白玉山	480	L/(人·d)
工业用水量	一类工业	0.8	万 m³/(km²·d)
	二类工业	1.2	万 m³/(km²·d)
	三类工业	2.0	万 m³/(km²·d)

分类建设用地用水量指标　　　　　　　　　表 2.1-6

用地类别		近期用水量指标
居民/[L/(人·d)]	沙湖	375
	二郎庙	375
	落步嘴	375
	白玉山	350
教育、医疗、酒店/[万 m³/(km²·d)]		1.0
行政、商贸、体育文化/[万 m³/(km²·d)]		0.6
一类工业/[万 m³/(km²·d)]		0.8
二类工业/[万 m³/(km²·d)]		1.2
三类工业/[万 m³/(km²·d)]		2.0
对外交通、仓储/[万 m³/(km²·d)]		0.3
特殊(部队)用地/[万 m³/(km²·d)]		0.3

单位建设用地综合用水量指标：根据《城市给水工程规划规范》GB 50282，考虑武汉市实际发展情况，结合相关规划，综合确定沙湖、二郎庙以及落步嘴片区单位建设用地综合水量远期指标为 1.0 万 m³/(km²·d)，白玉山地区为 0.4 万 m³/(km²·d)。

日变化系数：根据相关规范，特大城市日变化系数采用 1.1~1.3，根据武汉市日用水量变化情况，生活用水日变化系数取 1.15，工业废水日变化系数取 1.0。

管道入渗地下水量：污水收集管道渗水量按预测污水总量的 15% 计算。

污水排放系数：依据《城市排水工程规划规范》GB 50318，结合污水收集系统生活水平及产业结构比重，污水排放系数取 0.85。

污水管网收集率：

（1）近期：沙湖与二郎庙地区配套管网完善，收集率取 100%；落步嘴地区、白玉山地区以及武东地区管网正在建设中，收集率分别取 95%、95% 和 70%；

（2）远期：各片区污水管网收集率均为 100%。

2. 近期水量预测

（1）单位人口综合用水量指标预测法（见表 2.1-7）

单位人口综合用水量指标预测　　　　表 2.1-7

项目	沙湖	二郎庙	落步嘴
服务人口/万人	44.3	70.5	51.6
单位人口综合用水定额/[L/(人·d)]	500	500	500
日变化系数	1.15	1.15	1.15
污水排放系数	0.85	0.85	0.85
污水收集率/%	15	15	15
地下水渗入系数/%	18.83	29.96	21.93

（2）分类用水量指标法（见表 2.1-8）

分类用水量指标预测　　　　表 2.1-8

项目		沙湖	二郎庙	落步嘴	白玉山	武东
居民用水量	服务人口/万人	44.3	70.5	51.6	4.02	7.08
	单位指标/[L/(人·d)]	480	480	480	460	460
	平均日用水量/($10^4 m^3$)	18.49	29.43	21.54	1.61	2.83
一类工业用水量	面积/hm^2	0	13.6	0	30.1	0
	单位指标/[m^3/(km^2·d)]	0.8	0.8	0.8	0.8	0.8
	平均日用水量/($10^4 m^3$)	0	0.11	0	0.24	0.00
二类工业用水量	面积/hm^2	0	3.44	0	73.09	0
	单位指标/[m^3/(km^2·d)]	1.2	1.2	1.2	1.2	1.2
	平均日用水量/($10^4 m^3$)	0	0.04	0	0.88	0.00
三类工业用水量	面积/hm^2	0	18.32	0	154.73	104.37
	单位指标/[m^3/(km^2·d)]	2	2	2	2	2
	平均日用水量/($10^4 m^3$)	0	0.37	0	3.09	2.09
日变化系数		1.15	1.15	1.15	1.15	1.15
污水排放系数		0.85	0.85	0.85	0.85	0.85
地下水渗入系数/%		15	15	15	15	15
预测污水量/($10^4 m^3$/d)		18.07	29.27	21.05	5.69	4.81

（3）单位分项建设用地指标法（见表 2.1-9）

单位分项建设用地指标预测 表 2.1-9

项目		沙湖	二郎庙	落步嘴	白玉山	武东
居民用水量	服务人口/万人	44.3	70.5	51.6	4.02	7.08
	单位指标/[L/(人·d)]	375	375	375	350	350
	平均日用水量/($10^4 m^3$)	14.45	22.99	16.83	1.22	2.15
公建用水量	商业、行政、办公面积/hm^2	235.51	280.7	240.2	10.95	22.22
	单位指标/[m^3/(km^2·d)]	0.6	0.6	0.6	0.4	0.4
	平均日用水量/($10^4 m^3$)	1.41	1.68	1.44	0.04	0.09
	教育、医疗、酒店面积/hm^2	415.23	340.6	256.5	10.06	18.04
	单位指标/[m^3/(km^2·d)]	1	1	1	1	1
	平均日用水量/($10^4 m^3$)	4.15	3.41	2.57	0.10	0.18
对外交通、市政、仓储用水量	面积/hm^2	41.52	85.2	24.47	100.92	165.48
	单位指标/[m^3/(km^2·d)]	0.3	0.3	0.3	0.25	0.25
	平均日用水量/($10^4 m^3$)	0.12	0.26	0.07	0.25	0.41
特殊用地用水量	面积/hm^2	40.5	8.9	13.7	0	0
	单位指标/[m^3/(km^2·d)]	0.3	0.3	0.3	0.3	0.3
	平均日用水量/($10^4 m^3$)	0.12	0.03	0.04	0.00	0.00
一类工业用水量	面积/hm^2	0	13.6	0	30.1	0
	单位指标/[m^3/(km^2·d)]	0.8	0.8	0.8	0.8	0.8
	平均日用水量/($10^4 m^3$)	0	0.11	0.00	0.24	0.00
二类工业用水量	面积/hm^2	0	3.44	0	73.09	0
	单位指标/[m^3/(km^2·d)]	1.2	1.2	1.2	1.2	1.2
	平均日用水量/($10^4 m^3$)	0	0.04	0.00	0.88	0.00
三类工业用水量	面积/hm^2	0	18.32	0	154.73	104.37
	单位指标/[m^3/(km^2·d)]	2	2	2	2	2
	平均日用水量/($10^4 m^3$)	0	0.37	0.00	3.09	2.09
日变化系数		1.15	1.15	1.15	1.15	1.15
污水排放系数		0.85	0.85	0.85	0.85	0.85
地下水渗入系数/%		15	15	15	15	15
预测污水量/($10^4 m^3$/d)		19.80	28.23	20.48	5.70	4.81

（4）近期水量预测

近期水量预测表如表 2.1-10 所示。

近期水量预测表 表 2.1-10

项目		沙湖	二郎庙	落步嘴	白玉山	
					白玉山	武东
预测规模/($10^4 m^3$/d)	人均综合指标法	18.83	29.96	21.93	—	—
	分类用水量指标法	18.07	29.27	21.05	5.69	4.81
	分项建设用地指标法	19.80	28.23	20.48	5.70	4.81

项目	沙湖	二郎庙	落步嘴	白玉山	
				白玉山	武东
三种方法平均值/($10^4 m^3/d$)	18.90	29.15	21.15	5.70	4.81
管网收集率/%	100	100	95	95	70
预测污水量/($10^4 m^3/d$)	18.9	29.2	20.1	5.4	3.4
最终核定规模/($10^4 m^3/d$)	19	30	20	5.4	3.4

注：由于武汉市总体规划年限仅至 2020 年，近期设计年限取值 2020 年。

经计算，得到北湖污水处理厂各片区近期的污水总量为 77.8 万 m^3/d，因此处理厂近期建设规模设计为 80 万 m^3/d。

3. 远期水量预测

远期增加的水量除了原有片区污水，同时新增了龙王嘴污水收集系统以及武钢搬迁后的汇水范围。由于远期 2049 年较为久远，远期详细用地规划尚未完全确定，仅根据用地容积率确定人口和工业用地面积，因此远期仅采用单位人口综合水量指标法和分项用地建设指标法进行规模预测。

（1）单位人口综合用水量指标预测法（见表 2.1-11）

单位人口综合用水量指标预测　　　　　　　　　　表 2.1-11

项目	沙湖	二郎庙	落步嘴	龙王嘴
服务人口/万人	45.7	94.06	93.75	72.08
单位人口综合用水定额/[L/(人·d)]	470	470	420	470
日变化系数	1.15	1.15	1.15	1.15
地下水渗入系数/%	15	15	15	15
预测污水量/($10^4 m^3/d$)	19.33	37.58	31.50	28.80

（2）分项用地建设指标预测法（见表 2.1-12）

分项用地建设指标预测　　　　　　　　　　表 2.1-12

	项目	沙湖	二郎庙	落步嘴	白玉山	武东	龙王嘴
居民用水量	服务人口/万人	45.7	94.06	93.75	8.73	5.82	72.08
	单位指标/[L/(人·d)]	450	450	420	420	420	450
	平均日用水量/($10^4 m^3$)	17.88	36.81	34.24	3.19	2.13	28.21
一类工业用水量	面积/hm^2	0	17	0	58.86	0	147.56
	单位指标/[$m^3/(km^2·d)$]	0.8	0.8	0.8	0.8	0.8	0.8
	平均日用水量/($10^4 m^3$)	0	0.14	0	0.47	0.00	1.18
二类工业用水量	面积/hm^2	0	4.3	0	127.28	7.99	132.36
	单位指标/[$m^3/(km^2·d)$]	1.2	1.2	1.2	1.2	1.2	1.2
	平均日用水量/($10^4 m^3$)	0	0.05	0	1.53	0.10	1.59

项目		沙湖	二郎庙	落步嘴	白玉山	武东	龙王嘴
三类工业用水量	面积/hm²	0	22.9	0	606.62	190.17	213.54
	单位指标/[m³/(km²·d)]	2	2	2	2	2	2
	平均日用水量/(10⁴m³)	0	0.46	0	12.13	3.80	4.27
日变化系数		1.15	1.15	1.15	1.15	1.15	1.15
地下水渗入系数/%		15	15	15	15	15	15
预测污水量/(10⁴m³/d)		18.51	34.46	31.50	15.55	5.29	32.43

（3）远期水量预测

远期水量预测见表 2.1-13。

远期水量预测　　　　　　　　　　　　　　　　　　表 2.1-13

项目		沙湖	二郎庙	落步嘴	白玉山	武东	龙王嘴
预测规模 /(10⁴m³/d)	人均综合指标法	19.33	37.58	31.50	—	—	28.80
	分项建设用地指标法	18.51	34.46	31.50	15.55	5.29	32.43
两种方法平均值/(10⁴m³/d)		18.92	36.02	31.50	15.55	5.29	30.61
管网收集率/%		100	100	100	100	100	100
预测污水量/(10⁴m³/d)		19	36	31.50	15.55	5.5	30

经计算，北湖污水处理厂各片区远期的污水总量为 137.55 万 m³/d，污水处理厂远期建设规模设计为 150 万 m³/d。

2.1.2.3　传输系统节点流量确定

根据上述预测计算，确定污水提升泵站及预处理站具体规模如表 2.1-14 所示。近期和远期节点流量分布分别如图 2.1-7 和图 2.1-8 所示。

各泵站/节点规模一览表　（m³/s）　　　　　　　　表 2.1-14

类别		近期规模（2020 年）			远期规模（2049 年）	
		旱季平均时	旱季最大时	雨季	旱季规模	旱季最大时
北线污水深隧	沙湖泵站	0.77	1.0	1.0	0.77	1.0
	二郎庙节点	5.67	7.37	9.8	6.37	8.28
	落步嘴节点	2.3	3.0	3.0	4.4	5.72
	武东节点	0.4	0.52	2.4	0.81	1.05
	北线深隧泵站	9.26	12	12	11.6	15
白玉山青化路以北		0.62	0.81	0.81	2.3	3.0
龙王嘴（南线）		—	—	—	3.5	4.5
北湖污水处理厂设计规模		9.26	12	12	11.6	15

传输系统各管段设计流量如表 2.1-15 所示。

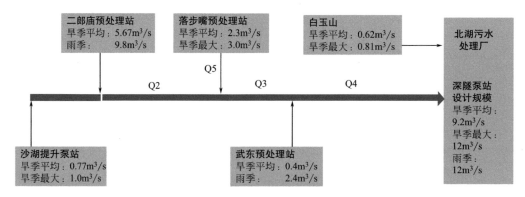

图 2.1-7 近期节点流量分布

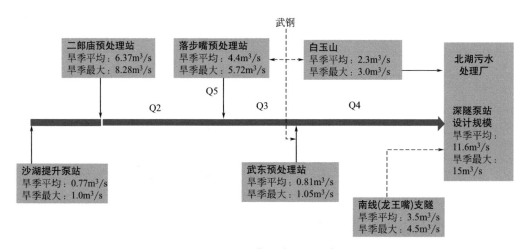

图 2.1-8 远期节点流量分布

系统管段各工况流量　　　　　　　　　　　　　表 2.1-15

工况		二郎庙~三环	三环~武东	武东~泵站	落步嘴~三环
		Q2/(m³/s)	Q3/(m³/s)	Q4/(m³/s)	Q5/(m³/s)
近期	旱季平均流量	5.67	7.97	8.37	2.3
	旱季最大流量	7.37	10.37	10.89	3.0
	雨季流量	7.37	10.37	10.89	3.0
远期	旱季平均流量	6.37	10.77	11.6	4.4
	旱季最大流量	8.28	14	15	5.72

注：考虑污水处理厂处理能力，雨季混流区预处理站处理之后按照旱季最大时入流深隧，其余在精细格栅之后溢流。

2.1.3 平面与竖向路由设计

2.1.3.1 平面路由方案

污水传输系统线路长，穿越城市高密度建成区，因此在确定平面路由时，应满足以下原则：

1. 污水传输功能优先原则

污水传输系统平面布置应便于污水收集系统区域内的污水接入，同时应便于远期服务区域内的污水汇入，即要便于污水的收集及输送。

2. 环境影响最小原则

传输系统在满足污水传输需求的前提下，同时应减少污水传输系统对周边水体的影响，确保工程范围内水体水质安全。

3. 最易实施原则

为确保工程顺利实施，在路由选定时，应综合考虑规划布局和已批租用地，尽量避开人口密集的居民小区以及重要工业区等现状区域，并妥善处理好与地铁、铁路、道路等重大市政设施的关系，确保污水传输工程的顺利实施。

大东湖深隧工程中，从二郎庙污水处理厂至新建的北湖污水处理厂线路总长约20km，考虑现状与规划地铁、武汉火车站、武钢等主要避让区域，主要有南线、北线两个路由方案，具体如表2.1-16所示。

方案比选情况　　　　　　　　　　　　　　表2.1-16

比选内容	方案一（南线）	方案二（北线）	方案比较
工程量	总长19.3km，其中主线长17.6km，支线1.7km	总长18.6km，其中主线长18.2km，支线0.4km	方案二略优
污水和径流污染传输	利于武东和白玉山地区污水收集，可就近截流武钢南排口初期雨水	传输路径远离武东和白玉山地区生活区，不利于收集该地区生活污水和截流武钢南排口初期雨水	方案一优
用地控制	路由用地现状以道路为主，用地规划以道路和绿地为主，较易控制	路由用地现状以渠道、武钢工业用地和城中村为主，用地规划为渠道控制用地和道路，穿武钢段用地较难控制	方案一略优
实施可行性	主线和支线分别穿越地铁4号线一次；欢乐大道、三环线立交、沿线桥墩桩基、高压线路塔基对路由影响较大	穿越地铁4号线，穿越二环线高架段，穿越武钢地块，需与武钢进行协调	方案二略优
与远景方案结合	有利于远景方案中龙王嘴污水处理厂及大东湖南部地区径流污染集中入新建北湖污水处理厂处理	较难与远景方案结合	方案一优
征地拆迁	较少	较多	方案一优
实施难度	较小	较大	方案一优
投资	基本相当		

通过对南线与北线方案的综合对比，两条线路长度基本相当，北线方案需要穿越武钢，协调难度大。南线方案从总体布局上有利于与雨水深隧的结合，同时南线大部分经过长江三级阶地，地质情况较好，用地主要以道路和绿地为主，用地控制难度小，实施条件更好，因此确定南线为深隧的平面路由方案。

2.1.3.2 竖向路由方案

污水传输系统线路长，埋深较大，与轨道交通、地下管廊以及管网等设施存在空间交叉，因此在确定深隧传输系统竖向路由时，应满足以下原则：

（1）根据近、远期结合的原则，充分考虑现状及规划污水收集管网、泵站和预处理站的位置和埋深，做好与之衔接工作。

（2）充分考虑现状及规划沿线主要构、建筑物及其基础的位置、结构形式，实现高程合理避让。

（3）充分考虑现状及规划河、湖、渠及其他水利设施的位置和高程情况，减少其对高程布置的不利影响。

（4）充分考虑项目沿线的工程地质情况和水文水利条件，确定合理的高程以利于施工和后期的维护。

考虑到传输系统的竖向设计不同，有以下两个方案（见图 2.1-9 和表 2.1-17）：

（1）地表传输系统：系统埋深 5～10m，主要埋设于粉质黏土、填土层；

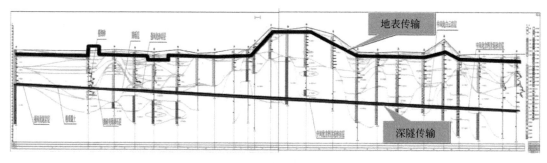

图 2.1-9　传输方式示意

传输方式比选分析　　　　　　　　　　　　　　　　表 2.1-17

	项目	方案一（隧道传输）	方案二（地表压力传输）	比较
工程量	隧道/管涵	隧道 19.3km	2×DN1500 管 2.5km 2×DN2000 管 8.1km 2×DN2400 管 6.2km 2×B×H＝2×3m×2.8m 箱涵 3.7km B：管涵宽度 H：管涵深度	方案二优
	泵站/ 预处理站 /（m³/s）	沙湖泵站 1.0 二郎庙预处理站 9.8 落步嘴预处理站 5.7 武东预处理站 2.4 白玉山地表泵站 3.0 深隧泵站 15	沙湖泵站 1.0 二郎庙泵站 9.8 落步嘴泵站 5.7 三环线泵站 15.5 武东泵站 2.4 白玉山泵站 3 污水厂泵站及预处理 23	
技术成熟度		较成熟	成熟	方案二优
对地面影响	道路破除量	道路破除、恢复 5000m²，无需封闭交通	道路破除、恢复 20 万 m²，影响大。 青化路交通封闭，欢乐大道交通半封闭	方案一优
	管线迁改量	管线迁改 4km，较集中	管线迁改 25km，影响范围广，协调量大	
	征地拆迁量	永久性征地 2.5 万 m²，临时征地 1 万 m²	永久性征地 3.0 万 m²，拆迁面积 5000m²，临时征地面积 25 万 m²	

项目	方案一(隧道传输)	方案二(地表压力传输)	比较
对环境的影响	小	大	方案一优
施工难度	主要为竖井施工,地面开挖较少,施工难度不大	1. 道路破除恢复工程量大 2. 三环线泵站征地难度大,影响工程进度	方案一优
对地下空间的影响	对浅层地下空间预留,有利于综合管线规划	大量占用浅层地下空间,不利于后期管线规划	方案一优
长期使用安全性	结构安全性更高	安全性较高,但易遭到城市建设破坏,影响广	方案一优
建设周期	3 年	3 年(与各泵站节点征地关系密切)	方案一优
总投资(含地表完善系统管网)	29.55 亿元	19 亿元	方案二优
运行费用(远期)	4830 万元/年	5820 万元/年	方案一优
推荐方案	方案一		

（2）深隧传输系统：埋深 24.0～40.0m，深隧穿越的土层及岩层主要为粉质黏土、粉细砂、细砂夹砾卵石层、圆砾层、强风化泥质砂岩、中风化泥岩、中风化白云岩、中风化细砂岩、中风化石英岩屑细砂岩层及中风化含钙含泥砂岩层。

经过综合对比，深隧传输与地表传输方案运行费用相当，深隧传输方式投资高于地表传输，但是深隧传输对地面交通的影响较小，征地拆迁量小，协调量小，建设周期短。隧道埋深基本在地下 20m 以下，安全性强，能为地表预留更多的发展空间，因此，深隧传输方式更优。

2.1.4 污水传输模式设计

深隧传输系统输送方式目前常见的有压力流和重力流两种（见图 2.1-10）。重力流流态相对稳定，对各入流点流量变化适应性较强，但重力流隧道末端泵站扬程相对较高、对通风除臭要求较高。压力流与重力流相反，其末端泵站扬程相对较低、通风除臭相对简单，但对各入流点流量变化适应性相对较弱、系统流态变化相对较大。

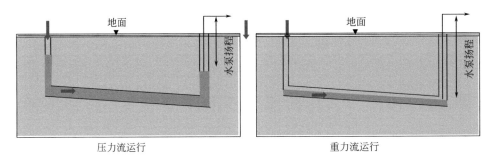

图 2.1-10　压力流、重力流运行方式

排水深隧的输送方式（压力流和重力流）是深隧设计和运行的前提，是排水深隧研究中最关键的环节。输送方式对深隧系统的设计参数主要影响体现在以下方面：

（1）深隧的纵坡、埋深；

（2）深隧断面尺寸；

（3）深隧末端提升泵站的水泵选型及泵房设计；

（4）入流竖井的形式及尺寸；

（5）深隧通风、除臭形式。

输送方式对于深隧运行管理及维护的影响主要体现在以下方面：

（1）深隧全系统流量管控；

（2）深隧末端泵站的运行；

（3）深隧系统内部异常工况的应对方法：瞬变流（涌浪流）；

（4）深隧运行维护周期的确定。

因此，在深隧设计时，应首先选定适合本工程的隧道输送方式。

2.1.4.1 关键工艺参数设计

1. 最小流量

考虑污水系统实际运行时变化曲线较为平缓，最小流量应为污水处理厂刚运行时的最小日流量。根据 2014 年现状污水量和 2020 年预测污水量之间的线性关系，2018 年日平均处理水量为 69.63 万 t，取值 70 万 t，参照二郎庙污水处理厂运行情况，平均日和最小日之间变化系数为 1.23。因此，确定污水处理厂正式运行时最小日处理流量 57 万 t。按照流量分配后，沙湖和二郎庙污水系统最小流量约 42 万 t/d，落步嘴污水系统最小流量约 12 万 t/d，武东污水系统最小流量约 3 万 t/d。系统水力计算示意见图 2.1-11，各节点管段流量见表 2.1-18。

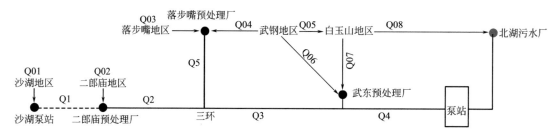

图 2.1-11 系统水力计算

各管段流量计算数据 表 2.1-18

工况		二郎庙~三环	三环~武东	武东~泵站	落步嘴~三环
		$Q2/(m^3/s)$	$Q3/(m^3/s)$	$Q4/(m^3/s)$	$Q5/(m^3/s)$
设计工况	近期旱季平均流量	5.67	7.93	8.33	2.26
	近期旱季最大流量	7.37	10.31	10.83	2.94
	近期雨季最大流量	7.37	10.31	10.83	2.94
	远期旱季平均流量	6.37	10.77	11.58	4.4
	远期旱季最大流量	8.28	14	15.05	5.72
不利工况	最大流量	8.28	14	15.05	5.72
	最小流量（2018年初运行时）	4.86	6.25	6.6	1.39

2. 最小流速

污水传输系统需要避免的是传输系统内发生沉积事件，深隧输送系统由于其埋深较深、维护管理较难，因此尤其需要避免发生沉积，而主要方法是设置合理的系统流速。流速过小，难以将污水内的杂质带走，从而在隧道内沉积；流速过大，将导致隧道内水位坡降（压力流）或物理坡降（重力流）过大，最终导致隧道系统及末端深隧泵站埋深增大，整个系统工程造价随之增长，并且泵站扬程增高，泵站运行费用增加。因此，确定合理的隧道流速十分关键。

针对隧道最小流速的确定，项目主要通过查阅相关标准规范、参考国内外正在运行的排水深隧设计经验，以及开展物理模拟试验进行专项研究。

根据规范要求，污水管道在设计充满度下流速为 0.6m/s，雨水管道和合流管道在满流时流速为 0.75m/s。排水管道采用压力流时，压力管的设计流速宜为 0.7～2.0m/s。通过对国内外已经运行的排水隧道工程案例分析发现，为保证隧道系统正常运行，压力流隧道在各种流态工况下控制流速一般不小于 0.65m/s，当流速小于设计最小流速时，一般需要设置补水措施以增加系统流速，如香港"净化海港计划一期工程"污水传输隧道，采用压力流输送方式，隧道系统设计流速为 0.63～0.82m/s，最小控制流速为 0.63m/s。该工程自 2001 年投运以来，系统运行正常，隧道内未发生淤积现象。

在此基础上，项目针对系统最小流速开展试验研究。首先对于沙湖、二郎庙、落步嘴污水处理厂沉砂池之后污水进行取样、粒径分析，得出污水中粒径分布。再通过物理模型试验，推算污水深隧传输系统设计管径下的不淤流速，从而确定系统的合理流速范围。

1）污水含固量及粒径分布

大东湖深隧项目主要服务沙湖、二郎庙、落步嘴、白玉山等污水系统，因此分别在沙湖、落步嘴和二郎庙三座污水处理厂进行污水取样（见图 2.1-12）。由于本项目建成后，现状各污水处理厂的污水需经过预处理站处理后方可进入深隧系统，因此水样取自各污水处理厂的沉砂池出水。

图 2.1-12　污水取样泵及沉砂池取样

为保证试验结果的精确性，对各污水处理厂的污水样本进行三次取样测量，最终的含固量取三次测量结果的平均值。测量结果如表 2.1-19～表 2.1-21 所示。

沙湖污水处理厂污水样本浓度   表 2.1-19

烧杯编号	烧杯重量 m_1/g	烧杯+污水重量 m_2/g	烘干后烧杯+固体颗粒质量 m_3/g	浓度 /(mg/L)	浓度平均值 /(mg/L)
1	34.703	112.144	34.733	387.39	
2	40.026	110.101	40.051	356.76	365.18
3	36.378	113.216	36.405	351.39	

落步嘴污水处理厂污水样本浓度   表 2.1-20

烧杯编号	烧杯重量 m_1/g	烧杯+污水重量 m_2/g	烘干后烧杯+固体颗粒质量 m_3/g	浓度 /(mg/L)	浓度平均值 /(mg/L)
1	35.608	116.331	35.645	458.36	
2	37.228	119.952	37.265	447.27	459.87
3	37.869	120.153	37.908	473.97	

二郎庙污水处理厂污水样本浓度   表 2.1-21

烧杯编号	烧杯重量 $m_1(g)$	烧杯+污水重量 $m_2(g)$	烘干后烧杯+固体颗粒质量 $m_3(g)$	浓度 /(mg/L)	浓度平均值 /(mg/L)
1	98.416	306.726	98.506	432.05	
2	102.189	284.282	102.281	505.24	487.92
3	67.674	267.111	67.779	526.48	

三座污水处理厂污水样本的含固量相差不大，在 300～500mg/L。其中二郎庙污水处理厂水样含固量最大，为 487.92mg/L；沙湖污水处理厂的污水含固量最小，为 365.18mg/L。为模拟三座污水厂水样混合情况，结合设计工况情况，按近期旱季平均流量比，取三座污水处理厂的污水样本混合后进行测量，混合污水的含固量如表 2.1-22 所示。

混合后污水样本浓度   表 2.1-22

烧杯编号	烧杯重量 $m_1(g)$	烧杯+污水重量 $m_2(g)$	烘干后烧杯+固体颗粒质量 $m_3(g)$	浓度 /(mg/L)	浓度平均值 /(mg/L)
1	48.318	126.726	48.351	420.88	
2	66.189	148.325	66.223	413.95	431.83
3	67.674	137.139	67.706	460.66	

污水中固体颗粒的大小会影响其在管道内的运动，相同流速下，粒径大的颗粒更容易淤积在管壁上。采用筛分法对污水中泥沙的粒径进行测量。沙湖、落步嘴和二郎庙污水处理厂的粒径分布如图 2.1-13 所示，泥沙中值粒径分别为 118.1μm、104.3μm 和 120.1μm。同样对混合后污水样本中泥沙颗粒的粒径分布进行了测量，其中泥沙的中值粒径为 112.1μm。

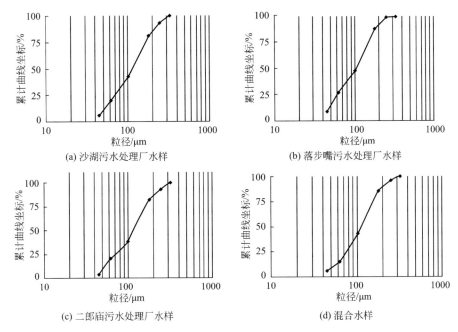

图 2.1-13 污水样本泥沙粒径分布图

2）水力模型试验

水力模型试验根据相似原理来设计，一般是将原型实物按照相似原理缩小（放大）为模型，在模型中重现与原型相似的实际现象和性质，并进行观测、取得数据，然后按照一定的相似准则推至原型，从而做出判断。只有模型和原型相似，才能把模型试验的成果引申到原型中去。对于研究具有泥沙问题的水流现象，必须同时满足水流运动相似条件和泥沙运动相似条件。

水力模型主要解决两个问题：模型中的流动是否能够真实反映原型中流动规律（即原型和模型中的流动是否相似），如何将模型中测得的流动参数换算为原型中的流动参数（即两者之间的比尺为何值）。

模型中的所有流动参数与原型中相应点上的对应流动参数保持各自一定的比例关系，则模型与原型中的流动是相似的。

几何相似：根据试验研究目的、试验场地条件及以往河工模型试验的经验，对于不同管径的管道，确定模型长度比尺：

$$\lambda_l = \frac{l_{\mathrm{p}}}{l_{\mathrm{m}}}$$

式中，λ_l 为模型长度比尺；l_{p} 为原型长度；l_{m} 为模型长度。

水流运动相似：根据水流运动方程和连续性方程，引入重力相似理论，推得水流运动相似条件。其中流速比尺：

$$\lambda_{\mathrm{u}} = \frac{u_{\mathrm{p}}}{u_{\mathrm{m}}} = \lambda_l^{\frac{1}{2}}$$

式中，λ_{u} 为模型流速比尺；u_{p} 为原型流速；u_{m} 为模型流速。

泥沙运动相似：隧道内污水含沙主要包括悬移质和推移质，因此需要同时模拟悬移质和推移质。由于污水经过一定的预处理后方可汇入深隧中，故水流输沙总量中悬移质占绝大部分，推移质数量相对较少。因此，本模型主要考虑悬移质中床沙质运动相似，据此确定泥沙运动相似的基本条件。从泥沙运动扩散方程推导出的悬移质泥沙运动相似条件包括沉降相似和悬浮相似。若按泥沙沉降相似：

$$\lambda_{\omega} = \lambda_{u} \frac{\lambda_{h}}{\lambda_{l}}$$

式中，λ_{ω} 为沉降比尺；λ_{h} 为管径比尺；λ_{l} 为长度比尺。

对于正态模型，管径比尺 λ_{h} 等于长度比尺 λ_{l}，两个比尺关系同时得到满足。即 $\lambda_{\omega} = \lambda_{u}$ 作为沉降比尺关系式，并以此作为模型选沙的依据。管道的悬移质泥沙较细，中值粒径为 0.112mm，可认为基本上处于滞流区，模型沙沉速通常情况下也应处于滞流区内。故可以选用滞流区内的静水沉速公式（斯托克斯公式）表示其沉速：

$$\omega = \frac{1}{k} \frac{\gamma_{s} - \gamma}{\gamma} g \frac{d^{2}}{\nu}$$

式中，ω 为悬移质沉速；γ_{s} 为悬移质密度；γ 为水密度；k 为过渡区系数；g 为重力加速度；d 为粒径；ν 为水的运动黏滞系数。

采用相似转化取过渡区系数比尺 $\lambda_{k} = 1$，流速比尺 $\lambda_{u} = 1$，得：

$$\lambda_{d} = \left(\frac{\lambda_{w}}{\lambda_{\frac{\gamma_{s} - \gamma}{\gamma}}} \right)^{1/2}$$

式中，λ_{d} 为悬移质粒径比尺；$\lambda_{\frac{\gamma_{s} - \gamma}{\gamma}}$ 为密度差比尺。

挟沙力相似：从悬移质输移方程可推出水流挟沙力相似条件为：

$$\lambda_{s} = \lambda_{s*}$$

式中，λ_{s}、λ_{s*} 分别为含沙量比尺和水流挟沙力比尺。

$$s_{*} = C \frac{\gamma_{s}}{\gamma_{s} - \gamma} (f - f_{s}) \frac{v^{3}}{gH\omega}$$

式中，s_{*} 为水流挟沙力；C 为无量纲系数；f 为水的达西摩擦因子；f_{s} 为悬浮质的达西摩擦因子；g 为重力加速度；v 为流体平均速率；H 为水头高度。

对水流挟沙力公式进行相似转化，并满足重力相似 $\lambda_{v} = \lambda_{h}^{1/2}$，对于模型 $\lambda_{(f-f_{s})} = \frac{\lambda_{h}}{\lambda_{l}}$，沉降相似 $\lambda_{\omega} = \lambda_{u} \frac{\lambda_{h}}{\lambda_{l}}$，得悬移质含沙量比尺 λ_{s}：

$$\lambda_{s} = \lambda_{s*} = \lambda_{C} \frac{\lambda_{\gamma s}}{\lambda_{\frac{\gamma_{s} - \gamma}{\gamma}}}$$

式中，$\lambda_{\gamma s}$ 为悬移质密度比尺；λ_{C} 为修正系数；$\lambda_{\frac{\gamma_{s} - \gamma}{\gamma}}$ 为密度差比尺。

λ_{C} 取为 1，可得 $\lambda_{s} = 1$。

采用污水处理厂原样污水进行试验，故污水中的泥沙作为模型沙，则 $\lambda_{\gamma s} = 1$；同时有

$\lambda \dfrac{\gamma_{\mathrm{s}}-\gamma}{\gamma}=1$，则有 $\lambda_{\mathrm{d}} \Rightarrow \lambda_{\mathrm{w}}^{1/2}$。

基于相似理论开展水力模型试验，不同管径的原型管道及其所对应模型的相似比尺见表 2.1-23。粒径比尺 λ_{d} 在 2.0 左右，为满足泥沙沉降相似应使用粒径为 50% 原型泥沙的泥沙进行试验。然而采用污水处理厂原样污水中的泥沙作为模型沙时，$\lambda_{\mathrm{d}}=1$，可知通过模型试验计算的不淤流速较实际的不淤流速值偏大。但是本模型主要考虑污水的不淤流速，模型设计从偏安全考虑，主要以满足水流运动相似为前提，适当地允许粒径比尺有所偏离。

模型比尺 表 2.1-23

原型管道管径/m	模型管道管径/m	长度比尺 λ_l	流速比尺 λ_u	粒径比尺 λ_d
3.0	0.2	15	3.873	1.968
3.2	0.2	16	4.000	2.000
3.4	0.2	17	4.123	2.031
3.6	0.2	18	4.243	2.060
3.8	0.2	19	4.359	2.088
4.0	0.2	20	4.472	2.115
4.2	0.2	21	4.583	2.141
4.4	0.2	22	4.690	2.166
4.6	0.2	23	4.796	2.190
4.8	0.2	24	4.899	2.213
5.0	0.2	25	5.000	2.236

污水管道模型试验装置设计与实物图分别如图 2.1-14 和图 2.1-15 所示。模型试验段的管道长 6m，管内径 20cm，并配套蜗壳混流泵（流量 $Q=460\mathrm{m}^3/\mathrm{h}$、扬程 8m、电机功率 11kW）、输水管道、电磁流量计（量程 $55 \sim 350\mathrm{m}^3/\mathrm{h}$、1.0MPa）、控制阀（DN200mm、PN1.6MPa）、水池（宽度 $B=30\mathrm{cm}$，长度 $L=8\mathrm{m}$）等。

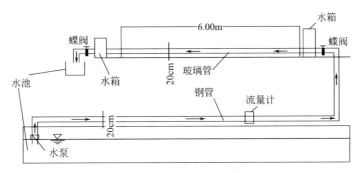

图 2.1-14 试验装置设计图

图 2.1-15 试验装置实物图

3）试验结果

（1）满管流

满管流的水流驱动力为管道两端的压力差。满管流的断面平均流速公式：

$$u = \frac{4Q}{\pi d^2}$$

式中，u 为平均流速；Q 为流量；d 为管道直径。

当进口流量稳定在 3.75L/s（断面平均流速为 0.119m/s）运行 30min 时，试验管道底部沉积情况如图 2.1-16 所示。当试验时间 $t<5$min 时，泥沙迅速地落淤在管道底部，出现不连续的淤积体；当试验时间 $t>15$min 时，泥沙不断淤积，管道底部形成稳定连续的淤积体（宽度约为 15.4cm）。据此可知在此流速下泥沙落淤。

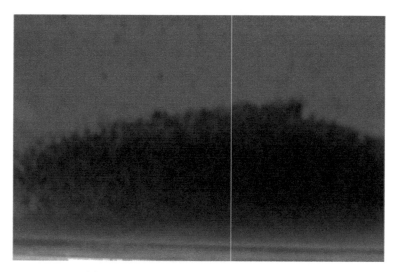

图 2.1-16 $Q=3.75$L/s 时管道底部的现象

当进口流量稳定在 4.63L/s（断面平均流速为 0.147m/s）运行 30min 时，试验管道底部沉积情况如图 2.1-17 所示，仍然能观察到泥沙散落地分布在管道底部，但在相同的试验时间下，较之流量在 3.75L/s 时，泥沙落淤速率开始减缓。

当进口流量稳定在 5.15L/s（断面平均流速为 0.164m/s）运行 30min 时，试验管道底部沉积情况如图 2.1-18 所示，管道底部无淤积物，并保持悬浮状态。通过多次反复试

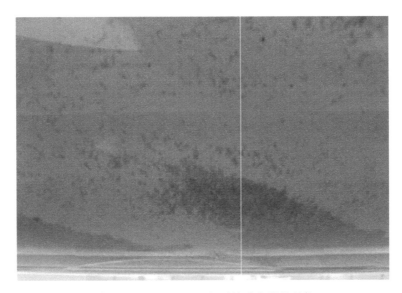

图 2.1-17　$Q=4.63\mathrm{L/s}$ 时管道底部的现象

验，可确认流量在 $5.15\mathrm{L/s}$ 情况下的断面平均流速 $0.164\mathrm{m/s}$ 为污水满管流试验的临界不淤流速。

图 2.1-18　$Q=5.15\mathrm{L/s}$ 时管道底部的现象

通过满管流的断面平均流速公式计算得出污水在满管流状态下的模型不淤流速，并通过流速比尺推算出原型的不淤流速，具体的计算如表 2.1-24 所示。

满管流临界不淤流速　　　　　　　　　　表 2.1-24

原型管径/m	模型管径/m	长度比尺 λ_l	流速比尺 λ_u	流量/(L/s)	模型不淤流速/(m/s)	原型不淤流速/(m/s)
3.0	0.2	15	3.873	5.15	0.164	0.635
3.2	0.2	16	4.000	5.15	0.164	0.656

续表

原型管径/m	模型管径/m	长度比尺 λ_l	流速比尺 λ_u	流量/(L/s)	模型不淤流速/(m/s)	原型不淤流速/(m/s)
3.4	0.2	17	4.123	5.15	0.164	0.676
3.6	0.2	18	4.243	5.15	0.164	0.696
3.8	0.2	19	4.359	5.15	0.164	0.715
4.0	0.2	20	4.472	5.15	0.164	0.733
4.2	0.2	21	4.583	5.15	0.164	0.752
4.4	0.2	22	4.690	5.15	0.164	0.769
4.6	0.2	23	4.796	5.15	0.164	0.787
4.8	0.2	24	4.899	5.15	0.164	0.803
5.0	0.2	25	5.000	5.15	0.164	0.820

（2）非满管流

非满管流试验通过管道两端的控制阀门使管道尾端出口水深稳定在50%管道直径，通过目测法观察管道底部的泥沙淤积现象，判断非满管流时的临界不淤状态。非满管流的断面平均流速公式：

$$u = \frac{8Q}{\pi d^2}$$

式中，u 为平均流速；Q 为流量；d 为管道直径。

当进口流量稳定在1.27L/s（断面平均流速为0.081m/s）运行30min时，试验管道底部沉积情况如图2.1-19所示，当试验时间 $t<4$min 时，泥沙迅速地落淤在管道底部，出现不连续的淤积体；当试验时间 $t>15$min 时，泥沙不断淤积，管道底部形成稳定连续的淤积体（宽度约为11.5cm）。据此可知在此流速下泥沙落淤。

图2.1-19　$Q=1.27$L/s时管道底部的现象

当进口流量稳定在2.41L/s（断面平均流速为0.154m/s）运行30min时，试验管道底部沉积情况如图2.1-20所示，管道底部仍旧能观察到淤积物，但在相同的试验时间下，泥沙落淤速率开始减缓。

图 2.1-20　$Q=2.41L/s$ 时管道底部的现象

当进口流量稳定在 2.64L/s（断面平均流速为 0.168m/s）运行 30min 时，试验管道底部沉积情况如图 2.1-21 所示，管道底部无淤积物，并保持悬浮状态。通过多次反复试验，可确认流量在 2.64L/s 情况下的断面平均流速 0.168m/s 为污水非满管流试验的临界不淤流速。

图 2.1-21　$Q=2.64L/s$ 时管道底部的现象

通过非满管流的断面平均流速公式计算得出污水在非满管流状态下的模型不淤流速，并通过流速模型比尺推算出原型的不淤流速，具体的计算如表 2.1-25 所示。

非满管流临界不淤流速　　　　　　　　　　表 2.1-25

原型管径/m	模型管径/m	长度比尺 λ_l	流速比尺 λ_u	流量/(L/s)	模型不淤流速/(m/s)	原型不淤流速/(m/s)
3.0	0.2	15	3.873	2.64	0.168	0.651
3.2	0.2	16	4.000	2.64	0.168	0.673

原型管径/m	模型管径/m	长度比尺 λ_l	流速比尺 λ_u	流量/(L/s)	模型不淤流速/(m/s)	原型不淤流速/(m/s)
3.4	0.2	17	4.123	2.64	0.168	0.693
3.6	0.2	18	4.243	2.64	0.168	0.713
3.8	0.2	19	4.359	2.64	0.168	0.733
4.0	0.2	20	4.472	2.64	0.168	0.752
4.2	0.2	21	4.583	2.64	0.168	0.771
4.4	0.2	22	4.690	2.64	0.168	0.789
4.6	0.2	23	4.796	2.64	0.168	0.806
4.8	0.2	24	4.899	2.64	0.168	0.824
5.0	0.2	25	5.000	2.64	0.168	0.841

4) 起动流速试验

污水中含有大量有机生物固体和无机悬浮物，较易发生沉积，如不及时清理，这些沉积物较易粘附于管道内壁上，且时间越长，其与管道内壁混凝土的粘附作用越加稳定，即更难清除。故当隧道中的实际运行流速较小时，需定期对其进行较大水流流速的冲洗使得粘附物能够被冲起后随水流流走。一般来说，需冲刷流速达到起动流速才能起到冲淤的效果，根据起动流速定义是使床面泥沙颗粒从静止状态转入运动的临界水流平均速度，本次试验在管道床面布置一定量的泥沙，并改变进口流量，通过判断床面泥沙产生整体起动的临界状态，以确定试验的泥沙起动流速。管道系统运行期间，每天需提供足够高的流速，避免因泥沙沉降而发生淤积，通过试验对满管流和非满管流下污水的起动流速进行试验研究。

(1) 满管流试验

当进口流量稳定在 9.36L/s（断面平均流速为 0.298m/s）运行 30min 时，试验管道底部沉积情况如图 2.1-22 所示，在水流运动的作用下，原本淤积在管道底部的泥沙起动，

图 2.1-22　Q＝9.36L/s 时管道底部的现象

并保持向前运动状态。通过多次反复试验，可确认流量在 9.36L/s 情况下的断面平均流速 0.298m/s 为污水满管流试验的泥沙起动流速（见表 2.1-26）。

满管流的起动流速 表 2.1-26

原型管径/m	模型管径/m	长度比尺 λ_l	流速比尺 λ_u	流量/(L/s)	模型不淤流速/(m/s)	原型不淤流速/(m/s)
3.0	0.2	15	3.873	9.36	0.298	1.154
3.2	0.2	16	4.000	9.36	0.298	1.192
3.4	0.2	17	4.123	9.36	0.298	1.229
3.6	0.2	18	4.243	9.36	0.298	1.265
3.8	0.2	19	4.359	9.36	0.298	1.299
4.0	0.2	20	4.472	9.36	0.298	1.333
4.2	0.2	21	4.583	9.36	0.298	1.366
4.4	0.2	22	4.690	9.36	0.298	1.398
4.6	0.2	23	4.796	9.36	0.298	1.430
4.8	0.2	24	4.899	9.36	0.298	1.460
5.0	0.2	25	5.000	9.36	0.298	1.490

（2）非满管流试验

当进口流量稳定在 4.75L/s（断面平均流速为 0.302/s）运行 30min 时，试验管道底部沉积情况如图 2.1-23 所示，在水流运动的作用下，原本淤积在管道底部的泥沙起动，并保持向前运动状态。因此，通过多次反复试验，可确认流量在 4.75L/s 情况下的断面平均流速 0.302m/s 为污水非满管流试验的起动流速（见表 2.1-27）。

图 2.1-23 $Q=4.75$L/s 时管道底部的现象

非满管流的起动流速 表 2.1-27

原型管径/m	模型管径/m	长度比尺 λ_l	流速比尺 λ_u	流量/(L/s)	模型不淤流速/(m/s)	原型不淤流速/(m/s)
3.0	0.2	15	3.873	4.75	0.302	1.172
3.2	0.2	16	4.000	4.75	0.302	1.210
3.4	0.2	17	4.123	4.75	0.302	1.247
3.6	0.2	18	4.243	4.75	0.302	1.284
3.8	0.2	19	4.359	4.75	0.302	1.319
4.0	0.2	20	4.472	4.75	0.302	1.353
4.2	0.2	21	4.583	4.75	0.302	1.387
4.4	0.2	22	4.690	4.75	0.302	1.419
4.6	0.2	23	4.796	4.75	0.302	1.451
4.8	0.2	24	4.899	4.75	0.302	1.482
5.0	0.2	25	5.000	4.75	0.302	1.600

上述试验结果表明：满管流时，3m 管道内泥沙的起动流速为 1.154m/s；非满管流时，3m 管道内泥沙的起动流速为 1.172m/s。对于散体泥沙，泥沙的起动流速比不淤流速大 30% 左右。然而，对于污水中的泥沙而言，由于泥沙颗粒较细且可能会附着有机生物，使泥沙之间的粘结力变大，从而导致污水中泥沙的起动流速较散体沙更大一些。

Ackers 提出了避免泥沙淤积粘结的冲洗流速，即淤积泥沙表面的剪切力 $\tau > 4\text{N/m}$，根据 Ackers 公式：

$$\tau = \rho f v^2 / 8$$

式中，ρ 为淤积泥沙密度；f 为摩擦系数；v 为平均日最小峰值流速。

结合香港净化海港项目的经验和相关参数的选取，计算出来的冲洗流速为 1.3m/s。试验得到的起动流速与计算得到的冲洗流速基本接近。

5）最小流速确定

根据模型试验结果，满管流和非满管流运行时模型中污水的临界不淤流速分别为 0.164m/s 和 0.168m/s，相应的原型 3m 直径的隧道中临界不淤流速分别为 0.635m/s 和 0.651m/s。综合现有规范标准、国内外工程案例以及水力模型试验研究结果，当传输系统内流速为 0.65m/s 时，隧道内基本不产生淤积。同时，为了保证传输系统正常运行，污水应经过格栅、沉砂池等工艺预处理后才能进入传输隧道。

3. 坡度

对于压力流输送系统，隧道的水力坡度与流速、流量相关，与隧道竖向高程无关。但适当的竖向高程坡降，在系统流速保证下，更有利于污水中砂砾的排除，因此压力流输送系统竖向坡降的坡度不小于 0.0005，结合地质情况，主隧控制取值 0.00065。

对于重力流输送系统，隧道坡度直接与流速相关，结合本工程设置的流速控制，并结合国内外工程案例，重力流输送系统坡度设置为 0.001。

4. 系统水位

传输系统水位选择既要满足地表水接入功能要求，又要保证系统在各种工况下能够正常运行，同时需要为远景发展留有足够的余地。

压力流：系统内水位不受隧道主体埋深控制，系统内水位设置主要满足各预处理站地表水接入，且为远景发展留有足够的余地，并考虑减少末端深隧泵站扬程，减少运行费用。为更合理确定压力流起端控制水位，利用 InfoWorks ICM 对压力流系统进行各工况动态模拟，根据模拟结果，压力流系统内起端控制水位确定为 12m 时，可以满足系统安全运行，同时末端泵站运行费用相对合理（见图 2.1-24）。

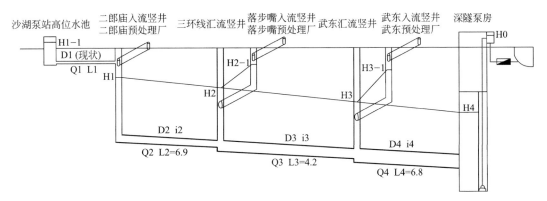

图 2.1-24 压力流系统水位计算示意图

重力流：由于隧道埋深较深，且重力流隧道内水位均在管顶以下，因此重力流系统内水位主要受隧道起端埋深限制，因此系统内起端控制水位为"起端管内底高程＋管内水深"（见图 2.1-25）。

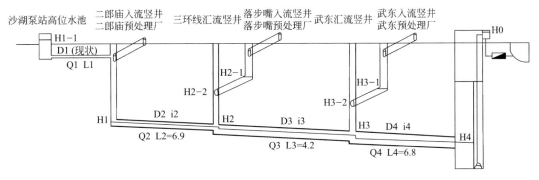

图 2.1-25 重力流系统水位计算示意图

2.1.4.2 水力计算模拟分析

1. 压力流水力计算

压力流系统控制模式包括上游控制和下游控制两种，上游控制模式通过末端泵房实现下游水位变化确保上游竖井水位稳定，能耗较小，但水泵扬程相对不确定，选型较难。下游控制模式通过上游竖井水位变化实现下游出水稳定，水泵扬程相对稳定，但水泵扬程较

大，系统能耗较大。考虑系统运行能耗，并充分利用压力流输送优点，采用上游控制模式
更合适。

针对深隧系统各管段流速及水位，分别采用 InfoWorks ICM 以及规范公式对系统水
力信息进行计算。

（1）InfoWorks ICM 软件计算

采用 InfoWorks ICM 软件计算时，根据隧道平面布置及深隧尺寸建立模型，输入各
节点流量信息，进行各管段流速、各节点水位的水力计算（沿程水头损失采用曼宁公式，
糙率系数 $n=0.013$），如图 2.1-26 所示。

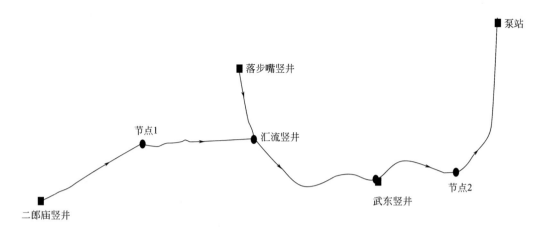

注：模型中管段长度不能超过 5km，因此增加节点 1 和节点 2。

图 2.1-26　深隧系统水力计算示意图

（2）规范公式计算

根据各管段传输流量，流速计算为：

$$v=\frac{Q}{A}=\frac{4Q}{\pi D^2}$$

谢才系数 C：

$$C=\frac{1}{n}\sqrt[6]{R}$$

沿程水位：

$$h_\mathrm{f}=\frac{lv^2}{C^2R}$$

局部水头损失：

$$h_\mathrm{j}=\xi\frac{v^2}{2g}$$

式中，v 为流速；Q 为流量；A 为管道截面积；D 为管道直径；n 为糙率系数，取
0.013；R 为水力半径；l 为管道长度；ξ 为局部阻力系数；g 为重力加速度。

（3）计算结果分析

采用以上方法计算得到的隧道流速、水位以及末端泵站扬程如表 2.1-28～表 2.1-30
所示。

压力流系统各管段流速计算结果 表 2.1-28

工况		二郎庙～三环 v2/(m/s)		三环～武东 v3/(m/s)		武东～泵站 v4/(m/s)		落步嘴～三环 v5/(m/s)	
		国内规范计算	软件计算	国内规范计算	软件计算	国内规范计算	软件计算	国内规范计算	软件计算
近期(2020年)	旱季平均流量	0.80	0.80	0.99	0.99	0.92	0.92	1.28	1.28
	旱季最大流量	1.04	1.04	1.28	1.28	1.19	1.19	1.66	1.66
远期	旱季平均流量	0.9	0.9	1.34	1.34	1.28	1.28	1.25	1.25
	旱季最大流量	1.17	1.17	1.74	1.74	1.66	1.66	1.62	1.62
不利工况	最大流速	1.17	1.17	1.74	1.74	1.66	1.66	1.66	1.66
	最小流速	0.7	0.69	0.78	0.78	0.73	0.73	0.79	0.79

压力流系统各主要节点水位计算结果 表 2.1-29

工况		三环线汇流竖井水位 H1/m		武东入流竖井水位 H2/m		深隧泵站水位 H3/m		落步嘴入流竖井水位 H4/m	
		国内规范计算	软件计算	国内规范计算	软件计算	国内规范计算	软件计算	国内规范计算	软件计算
近期(2020年)	旱季平均流量	10.85	10.85	9.85	9.85	8.63	8.63	12.76	12.8
	旱季最大流量	10.06	10.06	8.36	8.37	6.30	6.31	13.29	13.36
远期	旱季平均流量	10.55	10.55	8.70	8.71	6.34	6.35	12.36	12.4
	旱季最大流量	9.55	9.55	6.42	6.44	2.43	2.45	12.60	12.67
不利工况	最高水位	11.15	11.16	10.53	10.54	9.76	9.77	12.60	12.67
	最低水位	9.55	9.55	6.42	6.44	2.43	2.45	11.88	11.89

压力流系统水损及深隧泵站扬程计算结果 表 2.1-30

工况	最小流量(2018年初运行时)		近期(2020年)				远期(2049年)				不利工况			
			旱季平均流量		旱季最大流量		旱季平均流量		旱季最大流量		最大流量		最小流量	
	国内规范计算	软件计算	国内规范计算	软件计算	国内规范计算	软件计算	国内规范计算	软件计算	国内规范计算	软件计算	国内规范计算	软件计算	国内规范计算	软件计算
系统水损/m	2.24	2.23	3.37	3.37	5.70	5.69	5.66	5.65	9.57	9.55	9.57	2.45	2.24	2.23
泵站前池水位/m	9.76	9.77	8.63	8.63	6.30	6.31	6.34	6.35	2.43	2.45	2.43	9.55	9.76	9.77
深隧泵站扬程/m	18.74	18.73	19.87	19.87	22.20	22.19	22.16	22.15	26.07	26.05	26.07	18.95	18.74	18.73

由各管段流速计算、节点水位计算及各工况水头损失及扬程计算可知：国内规范公式计算结果与专业软件计算结果均基本一致（见图 2.1-27）。

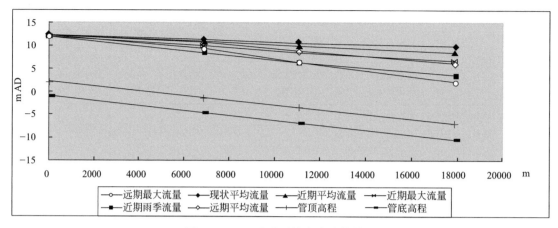

图 2.1-27 压力流系统水力计算结果

在水力计算基础上，采用专业软件 InfoWorks ICM 对压力流系统进行模型模拟，以校核水力计算结果，同时对系统各工况及工况变化时的真实流态进行模拟，利用模型来确定末端深隧泵站启泵水位、停泵水位等关键参数，以指导泵站设计（见图 2.1-28～图 2.1-32）。

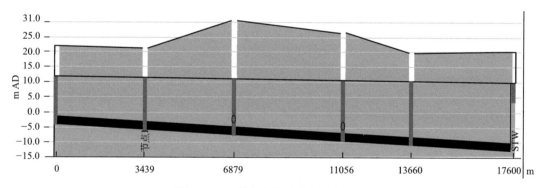

图 2.1-28 最小流量时稳定运行工况

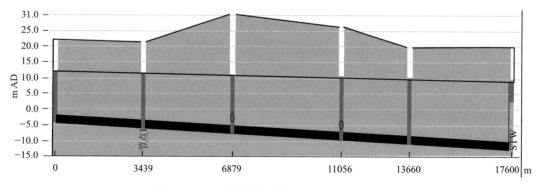

图 2.1-29 近期旱季平均流量稳定运行工况

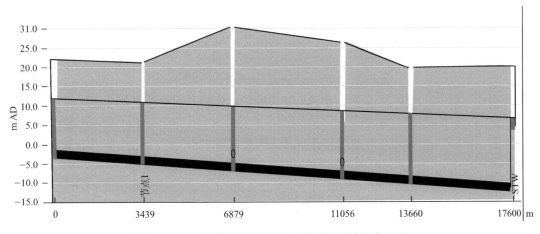

图 2.1-30　近期旱季最大流量（雨季）稳定运行工况

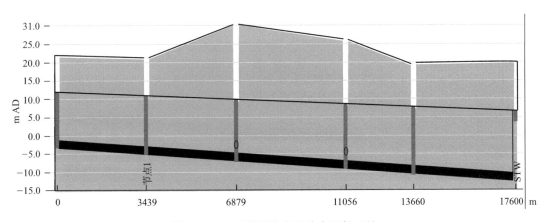

图 2.1-31　远期平均流量稳定运行工况

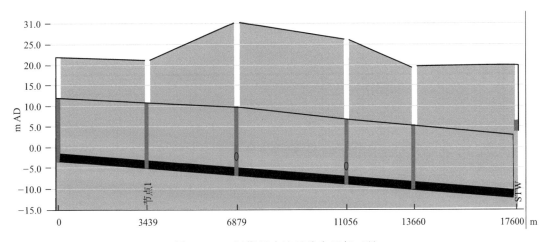

图 2.1-32　远期最大流量稳定运行工况

根据计算结果，深隧主隧道采用单排隧道，断面分别为：二郎庙～三环 DN3000mm、三环～武东 DN3200mm、武东～泵站 DN3400mm。支隧道采用双排隧道，断面为：落步嘴～三环 2×DN1500mm。

在现状、近期、远期等各种工况下，隧道内各段流速变化范围为 0.7～1.74m/s，满足控制流速要求，也满足最小流速要求。末端深隧泵站水泵扬程较小；但在不同工况下，压力流系统水损变化较大、末端深隧泵站前池水位变化较大，导致末端泵站水泵扬程变化较大（18.82～26.41m），水泵需采用变频运行。

压力流输送系统隧道内水流为充满形态，在隧道内水位或流态发生急剧变化时，系统内气体变化较小，因此系统气体管理较为简单。

2. 重力流水力计算

根据确定的深隧系统工况，计算得到重力流传输方式下隧道断面、充满度、流速以及水位，如表 2.1-31～表 2.1-33 所示。

重力流系统各管段断面计算结果　　　　表 2.1-31

二郎庙～三环 D2/mm	三环～武东 D3/mm	武东～泵站 D4/mm	落步嘴～三环 D5/mm
DN3000	DN4000	DN4000	DN2500

注：重力流系统近远期均采用单排隧道运行。

重力流系统各管段流速、充满度计算结果　　　　表 2.1-32

工况		二郎庙～三环		三环～武东		武东～泵站		落步嘴～三环	
		流速/(m/s)	充满度	流速/(m/s)	充满度	流速/(m/s)	充满度	流速/(m/s)	充满度
近期(2020年)	旱季平均流量	1.80	0.46	1.92	0.36	1.96	0.37	1.42	0.36
	旱季最大流量	1.92	0.54	2.06	0.42	2.11	0.43	1.52	0.42
	雨季流量	1.92	0.54	2.06	0.42	2.11	0.43	1.52	0.42
远期(2049年)	旱季平均流量	1.85	0.49	2.10	0.43	2.14	0.45	1.69	0.53
	旱季最大流量	1.98	0.58	2.25	0.50	2.29	0.52	1.79	0.62
最大		2.04	0.64	2.25	0.50	2.29	0.52	1.79	0.62
最小		1.72	0.42	1.82	0.32	1.85	0.33	1.23	0.28

注：重力流水力计算相关公式采用《室外排水设计标准》GB 50014—2021 中的计算公式（5.2.1）和公式（5.2.2）。

重力流系统深隧泵站扬程计算结果　　　　表 2.1-33

工况	设计工况					不利工况	
	近期旱季平均流量	近期旱季最大流量	近期雨季最大流量	远期旱季平均流量	远期旱季最大流量	最大值	最小值（2018年初运行时）
泵站前池水位/m	−21.12	−20.88	−20.88	−20.82	−20.53	−20.53	−21.28
深隧泵站扬程/m	50.12	49.88	49.88	49.82	49.53	49.53	50.28

在水力计算基础上，采用 InfoWorks ICM 对重力流系统进行模型模拟，以校核水力计算结果，同时对系统各工况及工况变化时的真实流态进行模拟，利用模型来确定末端深

隧泵站启泵水位、停泵水位等关键参数，如图 2.1-33～图 2.1-38 所示。

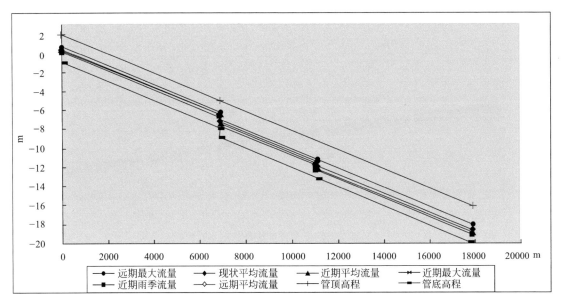

图 2.1-33 隧道在停雨时过程模拟

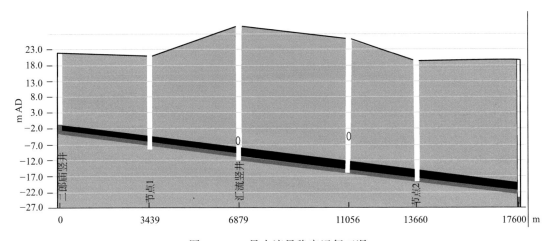

图 2.1-34 最小流量稳定运行工况

根据计算结果，采用重力流传输模式时，主隧道断面分别为：二郎庙～三环 DN3000mm、三环～武东 DN4000mm、武东～泵站 DN4000mm。支隧道采用单排隧道，断面为：落步嘴～三环 DN2500mm。

在现状、近期及远期等各种工况下，隧道内各段流速变化范围为 1.23～2.30m/s，满足控制流速要求，也满足最小流速要求。末端深隧泵站水泵扬程较大；但在不同工况下，重力流系统末端深隧泵站前池水位变化较小，因此末端泵站水泵扬程变化较小（49.53～50.28m）。重力流输送系统隧道内水流没有充满，因此在隧道内水位或流态发生急剧变化时，系统内气体变化较大，系统气体管理较为复杂。

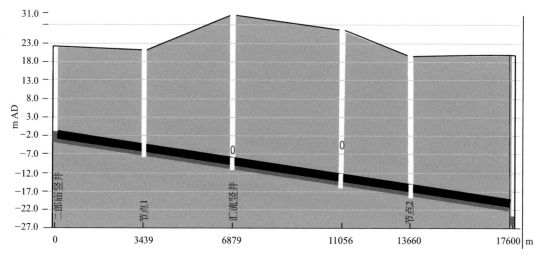

图 2.1-35　近期旱季平均流量稳定运行工况

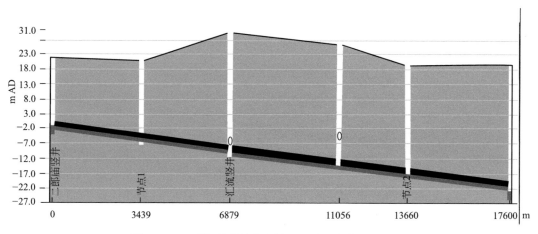

图 2.1-36　近期旱季最大流量（雨季）稳定运行工况

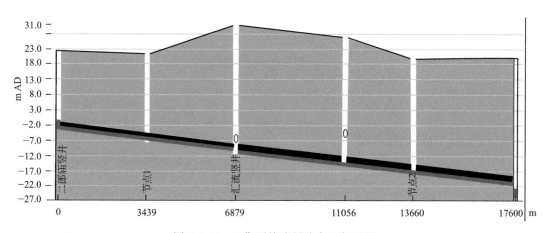

图 2.1-37　远期平均流量稳定运行工况

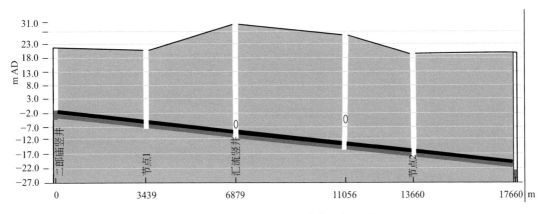

图 2.1-38 远期最大流量稳定运行工况

2.1.4.3 传输方式比选（见表 2.1-34 和表 2.1-35）

压力流、重力流输送方式技术比较   表 2.1-34

项目		压力流	重力流	备注
技术参数	主隧道断面	3m、3.2m、3.4m	3m、4m	—
	流速 v	0.7m/s$\leqslant v \leqslant$1.74m/s	1.23m/s$\leqslant v \leqslant$2.29m/s	
	纵坡 i	0.0005～0.0012	0.001	
	隧道埋深	25.52～39.89m	25.52～44.1m	
	水位变化	2.09～9.68m	—21.28～—20.53m	
对深隧泵站的影响	土建	埋深稍浅,土建费用低	埋深深,土建费用高	压力流优
	扬程	扬程较低(18.82～26.41m)	扬程较高(49.53～50.28m)	压力流优
	运行管理	水位变化较大,水泵需变频	水位变化较小,水泵不需变频	重力流优
深隧施工	施工可行性	可行	可行	均可
	施工工法	组合工法(盾构＋顶管)		
深隧维护管理	运行方式	压力流运行	重力流运行	均可
	气体管理	满流,气体管理要求较低	非满流,气体管理要求较高,易造成瞬变流	压力流较优
	沉积物管理	需控制最小流速防止淤积	①坡度大,流速高,满流时泥沙不易淤积,但非满流时易发生挂壁现象;②需按设计控制水位,根据新加坡深隧运行经验,水位控制不当易造成局部雍水,形成淤积	重力流较优
	水位控制	末端泵站需随流量变化水泵扬程来控制水位,水位变化范围较大,运行较复杂	水位变化小,通过末端泵站控制在设计水位范围内较易实现	重力流较优
	维护	强化预处理、自清维护	强化预处理、自清维护	相当
	防腐	内衬后隧道无需防腐,仅水位以上维护	内衬后隧道仍需防腐,且需维护	压力流较优

续表

项目		压力流	重力流	备注
运行安全性	瞬变流风险	风险低	风险高	压力流较优
	淤塞风险	控制最小流速,不易淤塞。当低于最低流量时,采取补水措施,保证流速	设计水位控制,流速大,不易淤塞	相当

压力流、重力流输送方式经济比较 表 2.1-35

项目		压力流	重力流
尺寸	主隧	3m、3.2m、3.4m	3m、4m
	支隧	1.5~2m	3m
工程投资/亿元		29.55	34.42
系统运行费用(含深隧泵站预处理站、通风)/(万元/年)	近期	3650	6330
	远期	4830	8690

注:重力流为机械通风,压力流为自然通风。

压力流和重力流输送方案下技术、经济对比结论如下:

① 压力流、重力流污水隧道均能达到污水传输目的,且在国内外均有运用,技术较为成熟;

② 重力流埋深大,土建投资高;压力流相对埋设深度少 10m,土建投资相对低,且对深隧泵站土建而言,采用压力流后泵站建设投资更少。

③ 压力流泵站扬程小,运行费用远小于重力流;但水泵扬程变化范围较大,水位控制及运行管理方面比重力流系统复杂。

④ 在气体管理等方面,压力流优于重力流系统,且产生瞬变流的风险小。

综合以上技术特点分析,考虑污水输送系统长期运行经济合理性,压力流优于重力流。

此外,如果采用压力流和重力流复合输送方式,虽然兼具压力流和重力流的优点,但仍存在以下几个方面的问题:

① 采用复合输送系统埋深较大,后期管理较复杂。根据国外深隧运行经验,深隧系统功能应尽量单一,工况简单有利于后期的运行与维护。

② 复合输送系统运行时,深隧末端泵站水泵需同时满足重力流和压力流两种不同工况,加大了对水泵及变频装置的要求,导致运行费用增大。

③ 复合输送系统需按照重力流系统进行设计,因而其隧道和末端泵站埋深相较于压力流系统而言都较大,从而导致土建费用偏高。

④ 由于重力流和压力流通风、除臭系统完全不同,若近期考虑重力流设计,通风、除臭控制要求较高,带来的气体变化风险也较大。

相较于压力流系统,复合输送系统方案从运行管理、运行费用、投资、技术等方面均不具备优势。综上所述,大东湖深隧采用压力流传输方式。

2.2　地表完善系统

2.2.1　系统组成

地表完善系统（见图 2.2-1）主要由以下两部分组成：①污水提升泵站/污水预处理站；②入流竖井。

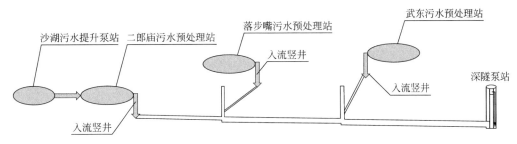

图 2.2-1　地表完善系统组成

1. 污水提升泵站/污水预处理站

沙湖污水提升泵站主要是将沙湖污水系统沙湖大道重力干管来水进行提升，之后通过现状压力传输管道，将沙湖地区污水输送至二郎庙预处理站进行预处理。

污水预处理站的主要功能是将汇入的污水进行预处理，去除污水中的漂浮物、悬浮物和无机颗粒，避免污水杂质在隧道系统内产生淤积。

2. 地表与深层隧道衔接系统

地表与深层隧道衔接系统主要是将地表水消能后接入深层隧道内，主要的构筑物为入流竖井，入流竖井设置在各预处理站内。

2.2.2　预处理工艺设计

2.2.2.1　工艺方案

地表系统中预处理站设置的目的在于收集地表污水汇入深隧，尽可能地在前端去除污水中的漂浮物、丝状物和粒径 0.2mm 以上的砂粒，避免进入隧道造成淤积，同时控制进入隧道内的污水流量与水位，保证隧道系统的正常运行。预处理设计原则应满足：

（1）功能复合。满足污水传输及拦截功能，满足周围景观化需求，满足管理附属功能；

（2）管理安全、便捷。有利于交通组织、通风与运行风险控制；

（3）对周围影响最低。站区地面园林景观化，控制臭气、废水、污泥排放，缓解邻避效应。

内地城市污水处理厂采用的污水预处理工艺均为常规工艺（见表 2.2-1）。其中，香港污水深隧预处理站为尽量减少悬浮物及砂砾进入深隧系统，防止其沉积在深隧中，采用的细格栅标准较高。通过对大东湖深隧项目服务区内现状沙湖、二郎庙及落步嘴污水处理厂运行情况的调研，结合本工程服务范围内近期存在混流区、雨污混接及施工工地多等特点，拟采用强化污水预处理工艺：粗格栅（20mm）＋细格栅（6mm）＋曝气沉砂池＋精细格栅（3mm），如图 2.2-2 所示。

部分污水预处理设施技术参数　　　　　　　　　　　　　　表 2.2-1

序号	工程名称	预处理设施及目标
1	香港污水深隧预处理站	粗格栅：20mm　　细格栅：4mm 沉砂池：去除 95% 大于 0.2mm 的砂砾
2	内地城市污水处理厂	粗格栅：20～25mm　　细格栅：6mm 沉砂池：去除 95% 大于 0.2mm 的砂砾

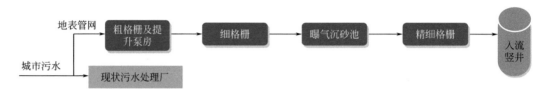

图 2.2-2　预处理工艺流程

2.2.2.2　雨季溢流方式优化

根据工程服务范围内各片区收集系统的现状，各地区地表污水系统部分仍处于合流区（混流区），雨季超过截流量的雨水进入深隧，会造成污水深隧超负荷运行并影响污水处理厂进水水质。因此需要合理设置雨季溢流措施，以保证传输系统及污水处理厂在雨季安全、正常运行。

根据二郎庙预处理站周边水体现状及控制水位高程，预处理站采用半地下式布置，在粗格栅前和精细格栅后均设置雨季溢流口，在预处理站设计流量内截流污水，经过粗格栅、水泵提升后进入细格栅及后续处理构筑物，超过设计流量的雨水在粗格栅之前溢流。同时，根据后续污水处理厂的承受能力，经过预处理之后的部分雨水，也可以在精细格栅之后超越溢流，最大溢流量不超过预处理站最大处理能力。在预处理站进水口设置水量及水位监测设施，根据进水水面标高和溢流水位，二郎庙、落步嘴预处理站内进入的超量雨水通过溢流口溢流到周边水体内；武东预处理站可通过闸门控制溢流量。经过优化调整后的雨季溢流设施可以保障预处理站和隧道系统安全、稳定运行（见图 2.2-3）。

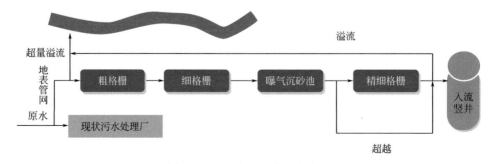

图 2.2-3　预处理雨季溢流流程

2.2.2.3 工艺设备选型

预处理站的关键设备有粗格栅、细格栅、精细格栅和沉砂池，它们对浮渣、砂砾的去除效果是保证后续污水处理设备正常运行的前提。

1. 粗格栅除污机

目前在国内泵站工程中粗格栅除污机的型式主要有链条回转式多耙格栅除污机（以下简称回转式格栅除污机）、钢丝绳式格栅除污机、高链式格栅除污机及悬挂移动抓斗式格栅除污机、粉碎型格栅除污机。机型对比如表 2.2-2 所示。

粗格栅除污机机型比较   表 2.2-2

名称	优点	缺点
回转式格栅除污机	结构紧凑、运转平稳、工作可靠、不易出现齿耙插入不准的情况	污水中的杂物易进入链条和链轮之间,影响运行;不能去除较大污物;设备造价较高
钢丝绳式格栅除污机	维护检修方便;抓斗式齿耙容量大;栅体可垂直安装而不影响除污效果,能直接挖掘栅底沉砂、清除效果好	对钢丝绳材质的要求较高;容易出现乱绳
高链式格栅除污机	链条及链轮均在水面以上工作,易于维护保养,使用寿命长	受耙臂长度限制,渠深不宜较深;耙臂超长时咬合力较差;结构复杂;长期运行后齿耙不容易准确插入栅条
悬挂移动抓斗式格栅除污机	投资低、设备利用率高;安装灵活,适应性强;维修周期短,低噪声运行适合城市场地	截污后移动至卸渣点时沿线污水滴漏现象严重,格栅间操作环境较差,需人工经常对地面进行冲洗
粉碎型格栅除污机	占地面积小,可实现泵站的全封闭设计,同时有利于泵站的结构优化,实行操作自动化	维修不方便,人员难以监测设备状况;处理大型污垢较困难,容易堵塞;成本较高

根据本工程的特点，以及目前武汉市现有的雨水及污水泵站的运行情况，钢丝绳式格栅除污机由于运行可靠，管理方便，在武汉市污水处理厂及污水泵站内得到大量运用，且运行状况良好，因此预处理站粗格栅采用钢丝绳式格栅除污机。考虑沙湖污水泵站所处地理位置较为敏感，规划建议采用全地下式布置，因此沙湖污水提升泵站采用粉碎型格栅除污机作为粗格栅，后续拦渣和捞渣在二郎庙预处理站完成。

2. 细格栅除污机及精细格栅除污机

在目前国内污水处理厂中使用较多的细格栅除污机及精细格栅除污机的型式为齿耙回转式格栅除污机、转鼓式格栅除污机、法捷斯 F 系列格栅除污机及内进流孔板式格栅除污机。不同类型细格栅及精细格栅除污机对比如表 2.2-3 所示。

细格栅及精细格栅除污机比较   表 2.2-3

名称	适用范围	优点	缺点
齿耙回转式格栅除污机	适用于细格栅,扒除纤维和生活或工业废水中的细小杂物,适用于深度较浅的小型格栅	有自清力,动作可靠,污水中的杂物去除率高	ABS 的犁形耙齿易老化,当缠绕上棉丝易损坏,个别清理不当的杂物返入栅内,格栅宽度较小,池深较浅。设备台数最多,占地面积最大

续表

名称	适用范围	优点	缺点
转鼓式格栅除污机	适用中等深度的大中小型污水处理厂的细格栅	处理水量大,规格多,能耗低,自动化程度高,全封闭运行,卫生条件好	进口设备价格较高,单台流量小,总体设备多,占地面积大
法捷斯F系列格栅除污机	市政污水、给水以及各类工业污水处理	构造简单,过滤速度快,滤网使用寿命长,更换维护方便,占地面积较小	反冲洗消耗水量大,设备价格高,设备台数较多,总体占地面积较大
内进流孔板式格栅除污机	市政污水、给水以及各类工业污水处理	结构紧凑,占地面积小;处理量大,能适应进水液位波动,水头损失小;截留滤渣、纤维等物质效率高	反冲洗消耗水量,设备价格较高

由于细格栅及精细格栅对拦渣要求高,且本工程各预处理站占地较少,内进流孔板式格栅机由于截留滤渣、纤维等物质效率高,且占地面积小,因此预处理站细格栅和精细格栅采用内进流孔板式格栅除污机。

3. 沉砂池

目前国内污水处理厂中沉砂池的型式多为平流式沉砂池、涡流式沉砂池及曝气沉砂池。不同沉砂池优缺点对比如表 2.2-4 所示。

不同类型沉砂池优缺点对比   表 2.2-4

名称	优点	缺点
平流式沉砂池	基建和运行费用省、截留无机颗粒效果较好、工作稳定、构造简单、排砂方便	流量变化较大时,除砂效果不稳定、污水中粒径较小的砂粒的去除率不高,砂中含 15% 的有机物,后续处理难度增加
涡流式沉砂池	占地面积小、能耗低、土建费用省、运行维护较简单	对大型污水处理厂而言,设备价格较高
曝气沉砂池	通过调节曝气量,可以控制水流的旋流速度,使除砂效率较稳定,受流量变化的影响较小,同时还可对污水起预曝气作用	设备价格较低

目前国内大型污水处理厂(如武汉汉西污水处理厂、武汉三金潭污水处理厂、北京高碑店污水处理厂、天津东郊污水处理厂)均采用曝气沉砂池,且运行稳定,除砂效果好,因此预处理站采用曝气沉砂池。

2.2.2.4 除臭设计

在污水处理构筑物中,会产生一些臭气,这些臭气的组分主要有氮气(N_2)、氧气(O_2)、二氧化碳(CO_2)、硫化氢(H_2S)、氨(NH_3)、甲烷(CH_4)以及一些产生臭味的气体,如胺类、硫醇、有机硫化物、粪臭素等微量有机组分气体。由于本工程中沙湖提升泵站、二郎庙污水预处理站、落步嘴污水预处理站及武东污水预处理站均位于武汉城区,周围分布有居民区、办公区等环境敏感区。因此,需采取除臭措施,尽量减少污水预处理产生的臭气对环境的影响。

目前国内污水处理除臭采用的主要方法有湿式化学洗涤法、填料式生物除臭法、土壤除臭法及纯天然植物提取液除臭法。

湿式化学洗涤法：臭气通过收集管道由风机输送进入化学溶液洗涤塔进行化学洗涤吸收，其中的溶液洗涤塔主要设计用来处理 H_2S 气体，采用 NaOH 作为溶液与 H_2S 反应生成 NaS 非沉淀物。经洗涤塔处理后的气体再进入活性炭吸附塔，臭气中的 H_2S、NH_3、有机组分等被吸附在活性炭纤维床中，活性炭需要定期再生。

填料式生物除臭法：采用滤池技术，提高附着在填料载体上的微生物对废气中的有机及无机成分进行生物吸附、分解和氧化达到去除的效果。生物滤池装置必须连续运行，一般臭气须进行预洗，并且严格控制滤池内的温度及湿度，维护要求比较高。

土壤除臭法：由穿孔管构成的空气分布系统位于生物土壤底部，收集的臭气通过风机进入穿孔管，然后缓慢地在土壤介质中扩散，向上穿过土壤介质，并暂时地吸附在载体表面或吸附在微生物表面，或吸附在薄膜水层中，然后臭气被微生物吸收，参与微生物代谢，臭气被转化成 CO_2 和 H_2O。

纯天然植物提取液除臭法：采用雾化设备将纯天然植物提取液喷洒形成具有很大比表面积的小雾粒，吸附空气中的臭气分子进行反应或催化与空气中的 O_2 反应，生成无味、无二次污染的产物。

通过对目前国内外相关数据的比较，在目前采用的除臭方法中，湿式化学洗涤法投资比较高，且生产运行中的费用也较大；纯天然植物提取液除臭法投资较低，但是植物提取液基本上依赖进口，运行费用较高，因此可考虑填料式生物除臭法，其中生物滤池除占地稍大的缺点外，随着国产设备的运用，其投资有较大幅度的下降，而且具备运行费用相对较低等优点，因此采用填料式生物除臭法进行预处理站除臭。

预处理站中主要对粗格栅及进水泵房、细格栅及沉砂池、入流竖井等构筑物进行除臭设计。除臭风量根据各处理构筑物的实际情况计算得出，由于构筑物基本处于密封状态，且不常检修维护，考虑每小时换气 3~5 次；曝气沉砂池考虑 1.1 倍的曝气量。

除臭系统由三个子系统组成，包括臭源密封系统、恶臭气体收集及输送系统和生物除臭滤池系统。

1. 臭源密封系统

预处理站构筑物采用混凝土结构密封，粗格栅设备采用有机玻璃钢罩密封室密封，其余一般构筑物孔洞采用复合钢盖板平铺方案密封。沉砂池局部未混凝土密封处采用橡胶软密封。

2. 恶臭气体收集及输送系统

恶臭气体收集及输送系统的主要功能是与风机系统配合使用形成密闭空间负压，将收集到的恶臭气体输送至风机进风口，进而将其输送至管道系统。由于风量不大，预处理站大部分采用安设玻璃钢圆管明敷收集风管，局部采用方形风管，收集口在最高水位以上 0.2m 处，按照收集的气量和压力在玻璃钢风管上开孔。输送管道采用玻璃钢圆形管道，臭气经过鼓风机加压以后由玻璃钢送风管进入生物除臭管道系统。

3. 生物除臭滤池系统

生物除臭滤池为固定式矩形体全封闭结构，装备有风管进、出接口、填料装填口、填料收纳架、检修门、散水喷淋装置、散水管及排水管附件等。生物滤池的载体对运行操作起着决定性作用，填料类型决定了生物滤池的尺寸、制造和操作成本以及运行生命周期。对填料的一般要求有：具有一定的结构强度和耐腐蚀性；具有较大的比表面积，可给微生物提供充分的附着及污染气体接触的面积；具有较好的表面性质，又有亲水性，便于微生物和水附着；具有足够的孔隙率供微生物生长，确保供氧充足；无毒；化学性质稳定。

预处理站选用有机、无机混合填料，采用多种级配的特殊高效混合料，具有多孔结构，通透性和结构稳定性良好，有利于对污染物的吸附；具有良好的保湿性和透气性，载体表面为亲水性、抗强酸，耐腐蚀性、无压密性、风阻小的特点。生物滤料不会随着含水量的变化而收缩或膨胀，并配有适当的养分和缓冲剂来达到预定的作用，在使用期间不需要添加任何营养液。填料为保持栖息于生物媒介内部微生物的活性，利用处理出水作为水源经加压泵对炭质生物载体表面进行喷淋。预处理站除臭系统技术统计如表 2.2-5 所示。

预处理站除臭系统技术统计 表 2.2-5

名称	构筑物数量	除臭系统	设计风量/(m^3/h)
沙湖提升泵站	1 座	生物除臭系统	3600
二郎庙预处理站	1 座	生物除臭系统	30000
落步嘴预处理站	1 座	生物除臭系统	35000
武东预处理站	1 座	生物除臭系统	20000

2.2.3 入流工艺设计

2.2.3.1 入流竖井的功能及组成

入流竖井作为排水隧道的关键组成部分，作用是将水流从浅层排水系统接入深层隧道，并尽量降低水流下落时的动能与势能，去除水体内夹杂的空气。同时在设计时应尽量减小水头损失。

入流竖井主要由三部分组成：连接结构、垂直下沉竖井和消能除气室。连接结构与预处理站尾水排口连接，用于水平地将雨污水输送至竖井，之后通过下沉竖井进入井底的隧道，在此过程中通过消能除气室尽可能地消除水体能量与夹杂气体，并减小水头损失。

2.2.3.2 入流竖井类型

考虑到下沉竖井的不同深度，在类似项目中运用的入流竖井的形式各不相同；当下沉竖井的深度较大时，竖井的形式主要有：①直落式入流竖井；②涡流式入流竖井；③折板式入流竖井，如表 2.2-6 所示。

不同类型入流竖井特点 表 2.2-6

类别	直落式入流竖井	涡流式入流竖井	折板式入流竖井
适应性	雨水或合流水，小流量污水	污水、雨水	雨水、合流水，小流量污水
耐久性	好	较好	需重点考虑腐蚀与结构强度影响
对隧道冲洗	大	小	较大
入流稳定性要求	要求不高	需稳定	要求不高

续表

类别	直落式入流竖井	涡流式入流竖井	折板式入流竖井
占地	大	小	较大
排气效果	需要较大气室	根据三维模拟,不需要单独气室,排气效果好	根据三维模拟,不需要单独气室,上部气体较为紊乱,下部入流排气效果较好
维护人员设施进入	可行	可行	可行
对竖井水位控制	水位不稳定	水位稳定	水位较不稳定,水中折板对水位也有一定影响
对竖井结构的要求	需重点考虑底部水流冲洗力	结构受力分布较为均匀	每片折板受力情况均不同,较为复杂

目前在排水隧道领域,几种竖井均有应用,直落式入流竖井占地较大,且对隧道冲击相对较大,不适用于本项目情况。参考国内外深隧运行经验,涡流式和折板式两种入流竖井在适应性、耐久性、对隧道冲洗、入流稳定性要求、占地、排气效果、水位控制等方面各有优缺点,如图 2.2-4 所示。

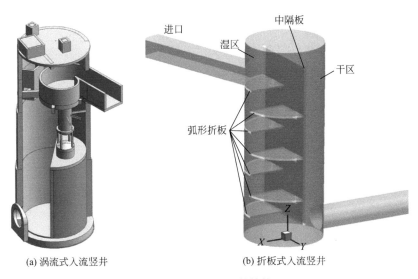

(a) 涡流式入流竖井   (b) 折板式入流竖井

图 2.2-4　入流竖井结构

2.2.3.3　入流竖井运行模拟分析

基于大东湖深隧项目入流竖井水力运行条件,针对涡流式入流竖井与折板式入流竖井开展三维流体力学模型计算,模拟不同设计工况下入流竖井内的水流流场与气流流场,分析竖井内部流态、流速、竖井壁面压力等水力参数,综合比较涡流式与折流式方案优劣,并结合研究结果对入流竖井设计进行调整。

1) 模型建立

三维数学模型采用 Realizable k-ε 气液两相紊流模型,利用控制体积法对方程组进行离散,流速和压力耦合采用 SIMPLER 算法,竖井上游明渠的入口处设置流量边界,出流处设置压力边界。模型所用的控制方程包括连续方程、动量方程、k 方程、ε 方程。水气两相的模拟采用 VOF 模型。

2）边界条件

针对涡流式和折板式入流竖井，考虑最不利情况下雨季时易发生的水位波动进行雨季设计水位（12m）和雨季低水位（9m）工况的模拟，分析入流竖井各部位的流态、流速和压力等参数。

3）模拟结果

（1）涡流式入流竖井（见图 2.2-5～图 2.2-7）

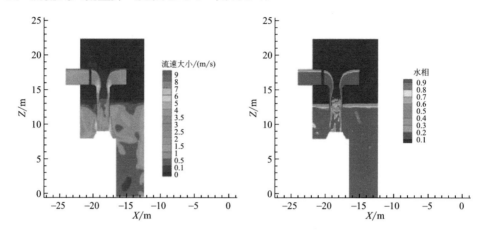

图 2.2-5　涡流式入流竖井纵剖面流速与水相体积分数分布（雨季设计水位）

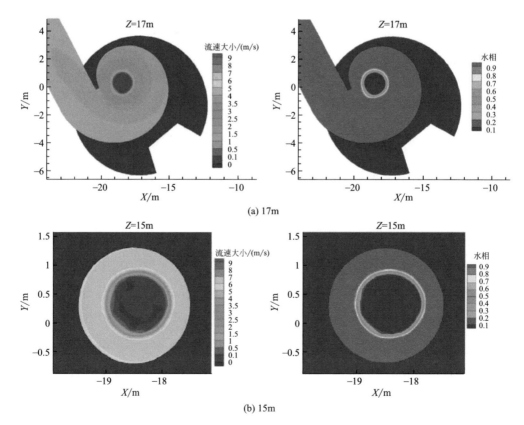

(a) 17m

(b) 15m

图 2.2-6　涡流式入流竖井不同高程水平流速与水相体积分布（雨季设计水位）（一）

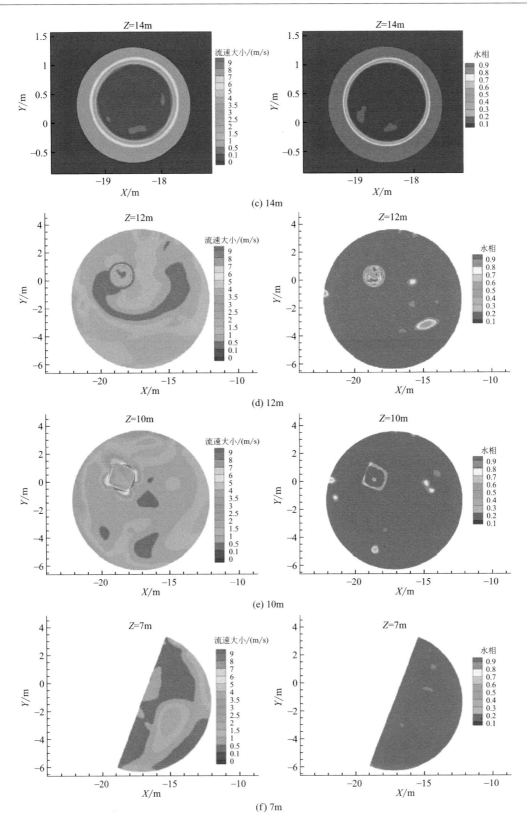

图 2.2-6 涡流式入流竖井不同高程水平流速与水相体积分布（雨季设计水位）（二）

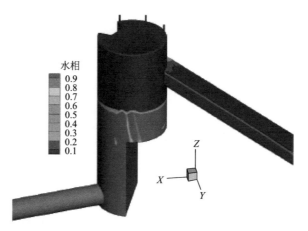

图 2.2-7 涡流式入流竖井逸气池及深隧水相体积分数分布（雨季设计水位）

① 流态

水流经上游明渠进入蜗壳后形成以竖井轴线为中心的逆时针水平环流，从蜗壳边壁至竖井边缘环流流速逐步增大，水深迅速减小，蜗壳底部压力逐渐降低，水流进入竖井后沿其壁面以旋流形态向其底部行进，沿程流速迅速增大，水体厚度减小，水体表面掺气量增大，竖井中央形成稳定的空气腔。水面剖面上竖井壁面水体厚度不均匀。掺气旋流触及竖井下部水垫后，继续沿竖井壁面行进直至竖井底部，在竖井下部形成环状"水跃"，水流消能较为充分，旋流携带的大量空气随环状"水跃"掺混进入水体。

掺气水体从竖井下部的出水口进入竖井外部的整流逸气池，7m 高程以上的水体中均可观察到气团的存在（见图 2.2-6）。水流随后从池底进入深隧，此工况未见空气被携带进入深隧（见图 2.2-7）。

② 流速

从图 2.2-5 可知，水流进入竖井后随着其势能不断转化为动能，流速沿程增大，至竖井下部的出水口顶缘附近，流速达到最大，其值约为 9.00m/s，经过环状"水跃"区，水流流速有所降低。

③ 空芯率

竖井不同高程空芯率见表 2.2-7。可以看出，涡管空芯率随着高程的降低而增大，15m 高程最小空芯率为 0.24。

二郎庙竖井各工况涡管空芯率统计　　　　　　　　　表 2.2-7

高程/m	雨季设计水位/m		雨季低水位/m
	最大	最小	
15	0.34	0.24	0.31
14	0.53	0.45	0.53
13	0.56	0.45	0.60
12	0.57	0.47	0.62

④ 其他工况

雨季低水位（10m）工况，二郎庙入流竖井流速、水相体积分数分布见图 2.2-8～图 2.2-10。竖井内流态、流速、变化规律与雨季设计水位（12m）工况基本相同。雨季低水位工况可见空气被携带进入深隧，空气主要聚集于深隧的起始段。

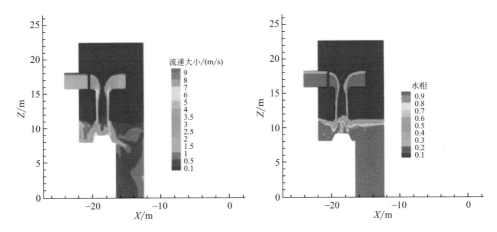

图 2.2-8　涡流式入流竖井纵剖面流速与水相体积分数分布（雨季低水位）

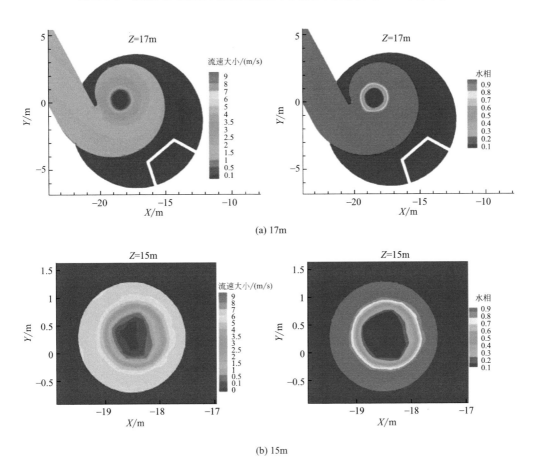

(a) 17m

(b) 15m

图 2.2-9　涡流式入流竖井不同高程水平流速与水相体积分布（雨季低水位）（一）

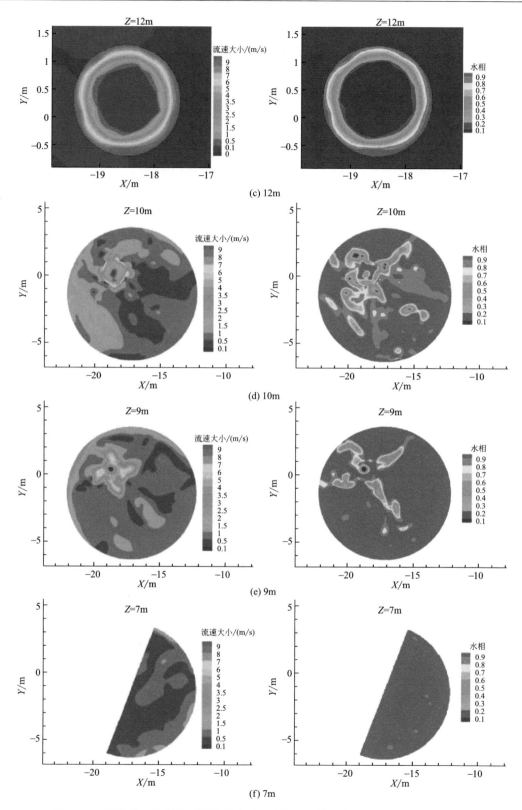

图 2.2-9 涡流式入流竖井不同高程水平流速与水相体积分布（雨季低水位）（二）

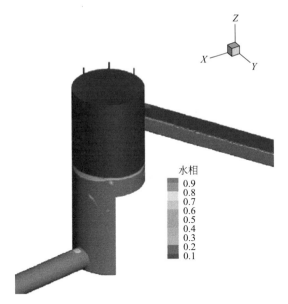

图 2.2-10 涡流式入流竖井逸气池及深隧水相体积分数分布（雨季低水位）

（2）折板式入流竖井

① 流态

水流经明渠进入竖井后依次跌落至各级折板至竖井底部，最后进入主隧。竖井内设计水位在 12m 附近，第 2 级及第 3 级折板附近水流为自由跌水，流速较大，大量气体在第 2 级及第 3 级折板处进入水体并被带入下级折板（见图 2.2-11），随着水深的增加，气体含量逐渐减少。第 1 级及第 2 级折板下通气孔处于畅通状态，其他级通气孔被淹没于水下（见图 2.2-12）。竖井干区内含气量较少（见图 2.2-13、图 2.2-14），但仍有气体聚集在深隧进口处（见图 2.2-15、图 2.2-16）。

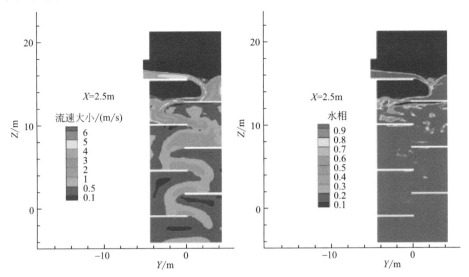

图 2.2-11 折板式入流竖井流速与水相体积分数分布（湿区中心剖面，雨季设计水位）

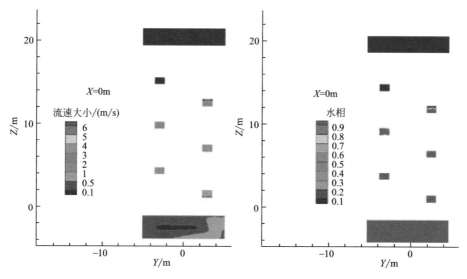

图 2.2-12 折板式入流竖井流速与水相体积分数分布（中隔板剖面，雨季设计水位）

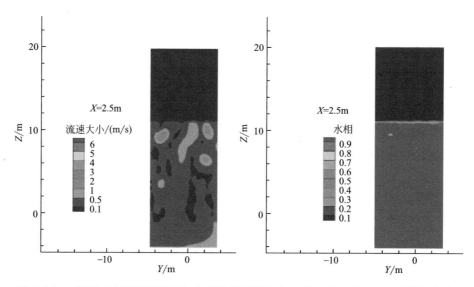

图 2.2-13 折板式入流竖井流速与水相体积分数分布（干区中心剖面，雨季设计水位）

② 流速

第 2 级及第 3 级折板上水流流速较大，达 6m/s，其他级折板水流跌落区流速较大，远离跌落区流速较小（见图 2.2-11）。

③ 压力

如图 2.2-16 所示，随着水深的减小，第 1 级折板沿水流流向压力逐渐减小。而第 2 级及第 3 级折板上压力分布较不均匀，跌落区压力较大，其他区域压力较小。第 4 级及第 5 级压力也有类似分布，但压力梯度已较小，至第 6 级、第 7 级折板及井底时，压力分布已较均匀（见图 2.2-17）。

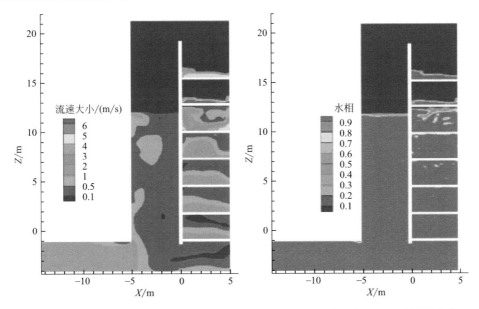

图 2.2-14 折板式入流竖井流速与水相体积分数分布（深隧中心剖面，雨季设计水位）

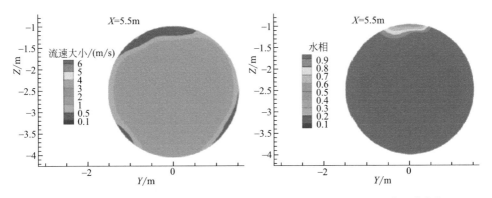

图 2.2-15 折板式入流竖井深隧入口流速与水相体积分数分布（雨季设计水位）

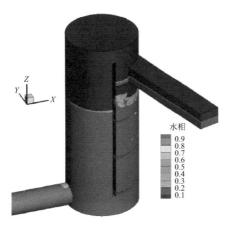

图 2.2-16 折板式入流竖井水相
体积分数分布（雨季设计水位）

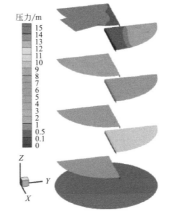

图 2.2-17 折板式入流竖井底部、
折板压力分布（雨季设计水位）

④ 其他工况

其他雨季低水位工况下，竖井内流态、流速、压力的变化规律与设计工况基本相同。雨季各工况均可见空气被携带进入深隧，空气主要聚集于深隧的起始段，但各工况间聚集气体的范围差异较小，说明折板式入流竖井的逸气效果受水位变化影响较小（见图 2.2-18~图 2.2-24）。

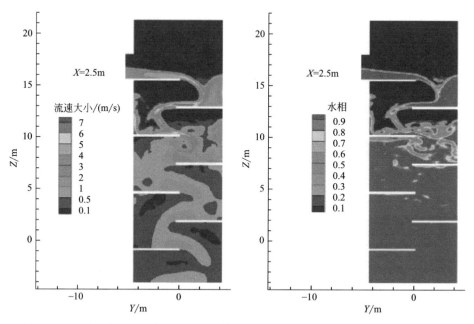

图 2.2-18 折板式入流竖井流速与水相体积分数分布（湿区中心剖面，雨季低水位）

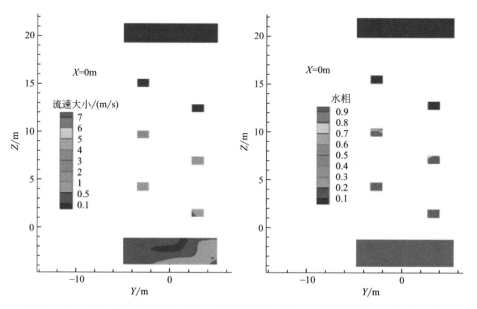

图 2.2-19 折板式入流竖井流速与水相体积分数分布（中隔板剖面，雨季低水位）

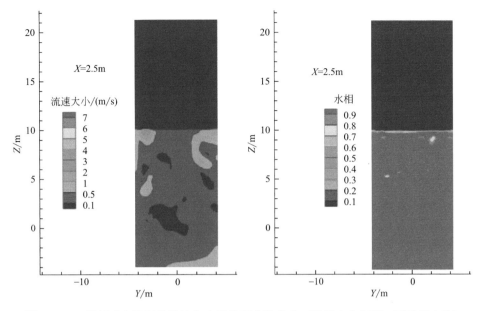

图 2.2-20　折板式入流竖井流速与水相体积分数分布（干区中心剖面，雨季低水位）

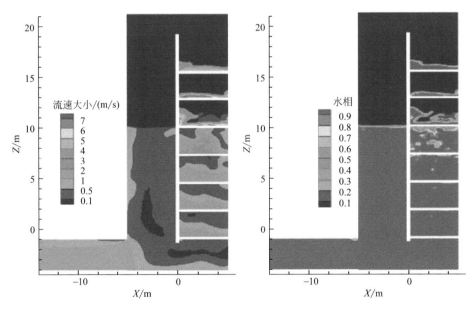

图 2.2-21　折板式入流竖井流速与水相体积分数分布（深隧中心剖面，雨季低水位）

2.2.3.4　入流竖井结构选型

涡流式入流竖井方案下，井内可形成较稳定的贴壁旋流，井壁受力条件较好；竖井中央空芯率较大，设计水位未见空气进入深隧。折板式入流竖井方案下，各层折板压力分布不均，水流冲击区压力较大，其他区域压力相对较小；设计水位下可见少量气体聚集于深隧入口。在设计工况下，涡流式与折板式两种入流竖井均能满足入流消能要求，但考虑折板式入流竖井排气条件较差、长时间运行对结构受力均匀性、耐久性和防腐要求较高，且竖井上部水位较不稳定，不利于运行监控，综合考虑大东湖深隧采用涡流式入流竖井。

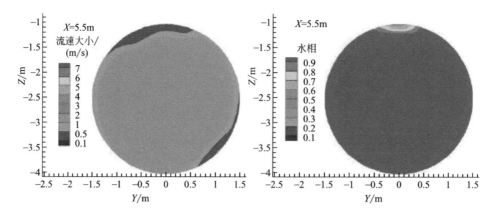

图 2.2-22　折板式入流竖井深隧入口流速与水相体积分数分布（雨季低水位）

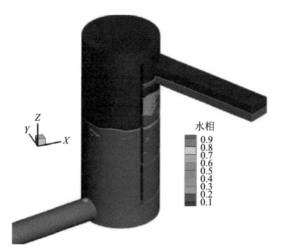

图 2.2-23　折板式入流竖井水相
体积分数分布（雨季低水位）

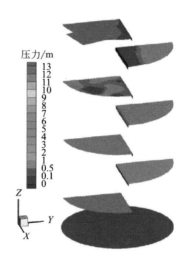

图 2.2-24　竖井底部、折板
压力分布（雨季低水位）

2.3　污水隧道系统

　　我国城市地下排水管网一般埋深较浅，管径较小，通常采用的是明挖法和顶管法。由于深隧相对浅层管网埋深更深，直径更大，更适合采用盾构法施工。国外已有的深隧工程案例中，如美国芝加哥深隧和水库工程（TARP），新加坡 DTSS 深隧工程、伦敦泰晤士 Tideway 隧道工程等均采用盾构法掘进隧道。随着盾构技术的日趋成熟和完善，盾构法也逐渐成为深层排水隧道的主要施工方法。

　　与常规公路、铁路等盾构隧道相比，排水深隧工况比较特殊，隧道在运行期间除承受外部的水土压力外，还需要承受内水压力，这对盾构隧道衬砌结构的承载能力提出了更高的要求。深隧传输介质为污水，具有较强的腐蚀性，容易侵蚀隧道衬砌，如出现污水外渗，将严重污染周边土体，对隧道结构耐久与防渗防漏的措施提出新的挑战。因此针对污水隧道结构设计开展优化研究，以满足工程运行需求。

2.3.1 污水隧道结构耐久性试验研究

2.3.1.1 污水对钢筋混凝土材料腐蚀劣化机理

污水对混凝土的腐蚀主要为化学腐蚀，侵蚀物以水为媒介，污水通过混凝土的表面和混凝土内的孔隙或裂缝渗入，侵蚀物与混凝土的水泥水化产物发生化学反应。对未充满的管道，其未被污水淹没部分，气体介质（如 CO_2、H_2S）通过孔壁附着的水膜侵入混凝土体内腐蚀。污水对钢筋的腐蚀主要是电化学腐蚀。按污水中腐蚀成分种类的不同可分为无机物腐蚀、有机物腐蚀和微生物腐蚀，其中无机物腐蚀主要包括 CO_2、酸、无机盐（如硫酸盐、镁盐与铵盐）、氢硫酸等对混凝土的腐蚀。

1. 酸性软水的溶出型腐蚀

污水中含有游离的 CO_2，将会与水泥产物中的 $Ca(OH)_2$ 发生化学反应，生成 $CaCO_3$，$CaCO_3$ 再与 CO_2 和 H_2O 反应生成易溶的 $Ca(HCO_3)_2$ 而流失。由于管道中水流的冲刷加速了这种流失，使混凝土碱度不断降低，当溶液中 $Ca(OH)_2$ 的浓度小于水化产物所要求的极限浓度时，则会引起其他水化产物的分解溶蚀，最终破坏水泥砂浆的结构。

当水的硬度较大，即 CO_3^{2-} 浓度较高时，CO_3^{2-} 与 $Ca(OH)_2$ 反应生成 $Ca(CO_3)_2$，可阻止 $Ca(OH)_2$ 的溶蚀。因此，当生活污水中硬度较小，而 CO_2 含量相对较高时，对管道的腐蚀作用较强。

2. 硫酸盐腐蚀

硫酸盐腐蚀机理比较复杂，其实质是环境水中的 SO_4^{2-} 进入混凝土的孔隙内部，与水泥石的某些组成部分发生化学反应生成一些难溶的盐类，这些产物由于吸收了大量的水分子而产生体积膨胀，形成膨胀内应力，当膨胀内应力超过混凝土抗拉强度时就会导致混凝土开裂。按结晶产物和破坏形式可分为以下两种。

（1）钙矾石膨胀破坏

硫酸盐与水泥石中的 $Ca(OH)_2$ 作用生成硫酸钙，并与水泥石中的固态水化铝酸钙反应，生成三硫型水化硫铝酸钙（又称钙矾石）。钙矾石溶解度极小，化学结构中包含大量的结晶水，其体积约为原水化硫铝酸钙的 2.5 倍，使固相体积显著增大。同时它是针状晶体，呈放射状向四个方向生长，互相挤压而产生极大的内应力，可导致混凝土开裂。

（2）石膏膨胀破坏

当溶液中的 SO_4^{2-} 浓度高于 1000mg/L 时，水泥石的毛细孔被饱和石灰溶液所填充，不仅有钙矾石生成，而且会有石膏结晶析出，晶体膨胀产生较大的内应力，从而破坏混凝土结构。

3. 氢硫酸腐蚀

在厌氧条件下，厌氧微生物将污水中的硫酸盐还原成硫化物，并与水中的氢离子结合产生 H_2S。H_2S 气体从污水中逸出，溶解于污水管道内表面水位上方的冷凝水中。在微生物作用下，H_2S 被氧化生成氢硫酸，进而对管道产生强烈的腐蚀作用。

4. 强酸腐蚀

污水中所含 HCl、H_2SO_4、HNO_3 等强酸完全电离，释放出 H^+，与水泥水化产物发生反应，后与水化硅酸钙和水化铝酸钙发生反应，生成易溶的钙盐和铝酸盐。当 pH 小于 4 时，生活污水对混凝土有强烈的腐蚀作用，但一般生活污水 pH 在 6～9，不易发生强酸腐蚀。

5. 镁盐与铵盐腐蚀

镁盐与 $Ca(OH)_2$ 反应会生成无胶凝作用的 MgO。当 Mg^{2+} 浓度很低时，反应只在混凝土表面进行，形成的 $Mg(OH)_2$ 在混凝土表面形成一层薄膜，保护混凝土免于遭受继续破坏。当 Mg^{2+} 浓度较大时，$Ca(OH)_2$ 的数量不足以使其中和，溶液将向混凝土内部扩散，持续反应，从而侵蚀混凝土结构。

NH_4^+ 与混凝土的化学作用与 Mg^{2+} 类似，反应生成难电离的氨水，随着氨水浓度增加，释放 NH_3，反应能够持续进行。由于固相的游离石灰不断被溶解，混凝土孔隙增加，渗透系数增大，侵蚀速度逐渐加快。

6. 有机物腐蚀

有机物对混凝土的侵蚀不可忽视，生活污水中含有大量碳氢化合物、蛋白质、脂肪、纤维素等有机物质。脂肪酸、柠檬酸、乳酸等多种有机酸虽为弱酸，但它们对混凝土也会造成不同程度的腐蚀。其腐蚀机理与强酸相同，即与 $Ca(OH)_2$ 作用，生成可溶性盐，逐渐被水溶解带走。污水中好氧菌的代谢物——有机酸及呼吸作用排出的碳酸也是引起混凝土腐蚀的主要原因。

7. 微生物腐蚀

微生物腐蚀是指微生物引起的腐蚀或受微生物影响的腐蚀（见图 2.3-1）。含有无机和有机污染物质的水排放到城市排水系统后，首先被系统中原有的流水混合、中和、稀释，使其扩散。这些有机质便成为管道中微生物的营养源。在生物氧化过程中，开始阶段氧气充分，有机物被需氧菌分解为水、CO_2、SO_4^{2-} 等。待水中溶解氧耗尽，氧化作用停止。厌氧菌参与分解有机物，将其分解成 CH_4、N_2 和 H_2S 等气体，淤泥中的 SO_4^{2-} 被硫还原菌还原，生成 H_2S，遇上混凝土表面的凝聚水膜，在硫氧化细菌作用下生成 H_2SO_4，腐蚀结构。管道的 H_2S 腐蚀只有在非满管中才可能发生，而生成的 H_2SO_4 只对管道水位以上的管材造成腐蚀。因此，当管道在满流状态时，微生物腐蚀的作用明显减弱。

8. 钢筋锈蚀

正常使用的混凝土呈强碱性，pH 一般为 12～13，钢筋在碱性环境中，表面会形成钝化膜保护钢筋免受腐蚀。当水泥凝胶受环境中 CO_2 和水的侵蚀发生碳化，使混凝土保护层 pH 降低，碳化达到钢筋表面时，钝化膜被破坏（即钢筋脱钝）导致钢筋锈蚀。一般钢筋表面 pH 为 10，即可发生脱钝现象，钢筋表面生成的铁锈，体积膨胀数倍从而引起混凝土结构开裂。

生活污水中同时还存在 Cl^-，Cl^- 通过混凝土孔隙进入其内部，吸附在钢筋钝化膜表层，在钝化膜的内层（铁和氧化物的界面）形成 $FeCl_2$，从而使钝化膜局部溶解。在脱钝过程中，Cl^- 充当载体的作用，一旦脱钝现象开始发生，若不采取措施，这一过程将持续并加速发展下去。

钢筋锈蚀是电化学反应，即钢筋钝化膜被破坏后，在有氧的水环境中，铁和 O_2、H_2O 发生电化学反应，生成铁锈，锈蚀产物体积为原钢筋的 2～4 倍，对钢筋周围的混凝

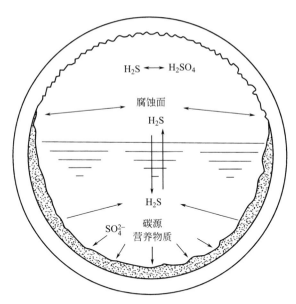

图 2.3-1　微生物腐蚀机理

土造成膨胀应力，易形成局部拉应力集中，导致混凝土锈胀开裂。钢筋锈蚀同时还会引起钢筋强度降低、与混凝土的粘结锚固失效等后果。

通过对污水管道腐蚀机理的调研，可以总结出以下规律：

（1）城市污水的腐蚀性因素中，最严重的是 CO_2，其次是 SO_4^{2-}，氢硫酸和钢筋锈蚀，强酸和镁盐与铵盐的腐蚀相对较微弱，随着近年来污水中有机物成分的增加，微生物腐蚀逐渐成为主要腐蚀因素。

（2）污水对钢筋混凝土的腐蚀破坏主要途径为：腐蚀介质通过混凝土表面孔隙或裂缝，进入混凝土内部并与水泥水化产物发生化学反应，生成物破坏了水泥的胶凝结构。主要腐蚀破坏类型可以归纳为溶出型腐蚀（CO_2）、分解型腐蚀（酸类、硫氢酸、镁盐与铵盐、微生物腐蚀）、膨胀性腐蚀（硫酸盐）和钢筋锈蚀。

（3）污水管道的腐蚀破坏形态主要表现为两种，一种为管壁内表面溶解，管壁减薄，钢筋锈蚀，结构强度降低（主要由于溶出型腐蚀和分解型腐蚀破坏引起）；另一种为混凝土裂缝的增大、扩张，导致混凝土开裂破坏，造成渗漏水（主要由于膨胀性腐蚀引起）。

2.3.1.2　污水浸泡混凝土加速腐蚀试验研究

针对武汉市大东湖区污水深隧盾构隧道进行混凝土耐久性试验。试验采用不同污水腐蚀环境浸泡混凝土试件，检测混凝土的抗压强度、弹性模量以及抗拉强度等参数，揭示混凝土的腐蚀破坏形态，探明污水隧道结构的抗防腐性能。

1. 试验准备

依据污水对混凝土的腐蚀机理，硫酸盐腐蚀和微生物腐蚀是主要的腐蚀类型。因此本试验配制 3 组强化污水，分别为：①高浓度污水（有机物、盐分、微生物）；②高浓度硫酸盐污水（盐分）；③含厌氧型微生物污水（有机物、微生物），另外增加一组无腐蚀环境的对照组（见图 2.3-2）。

试验基于武汉市大东湖区生活污水配置强化污水，选取二郎庙污水处理厂二沉池中的

(a) 高浓度污水   (b) 高浓度硫酸盐污水   (c) 含厌氧型微生物污水

图 2.3-2　配制污水

污泥，并添加培养微生物所需要的各种养分，模拟微生物在厌氧环境下对混凝土的腐蚀。高浓度污水配比见表 2.3-1，其中 SO_4^{2-} 浓度为一般污水的 200 倍，Cl^- 浓度为一般污水的 100 倍，Na^+ 浓度为一般污水的 100 倍，Mg^{2+} 浓度为一般污水的 1000 倍，养分及微生物含量也为一般污水的 10 倍以上，此工况下混凝土块的腐蚀情况与污水环境中的实际腐蚀情况类型基本一致，加速腐蚀效果有所提升。高浓度硫酸盐污水配比见表 2.3-2，其中 SO_4^{2-} 浓度为一般污水的 400 倍，Cl^- 浓度为一般污水的 100 倍，Na^+ 浓度为一般污水的 100 倍，Mg^{2+} 浓度为一般污水的 2000 倍，主要模拟混凝土块的盐类腐蚀，加速腐蚀效果极强。含厌氧型微生物污水配比见表 2.3-3，养分及微生物含量为一般污水的 10 倍以上，此工况主要模拟污水中的微生物、有机物腐蚀，短期内加速腐蚀效果一般。

高浓度污水配比（单位：g/L）　　　　　　　　表 2.3-1

成分	淀粉	葡萄糖	蛋白胨	尿素	磷酸氢二铵	MgSO₄	NaCl	污泥（含水率 80% 以下）
浓度	6.1	3.4	0.9	0.4	0.2	20.0	10.0	15.0

高浓度硫酸盐污水配比（单位：g/L）　　　　　　　表 2.3-2

成分	MgSO₄	NaCl
浓度	40.0	10.0

含厌氧型微生物污水配比（单位：g/L）　　　　　　表 2.3-3

成分	淀粉	葡萄糖	蛋白胨	尿素	磷酸氢二铵	污泥（含水率 80% 以下）
浓度	6.1	3.4	0.9	0.4	0.2	15.0

　　将 C50 混凝土试块浸泡于污水中，并在水箱中放置潜水泵，用于搅拌污水，模拟污水的流动性，从而加速污水对混凝土试件的腐蚀。对于含厌氧型微生物污水试验组，为了模拟厌氧环境使得厌氧型微生物生存，浸泡过程中在水箱上加盖密封。图 2.3-3 为混凝土试块浸泡 10d 后的情况，对于高浓度污水和含厌氧型微生物污水，由于污泥的作用，污水发生了厌氧反应，污水呈现絮状，并有恶臭味。

(a) 高浓度污水   (b) 高浓度硫酸盐污水   (c) 含厌氧型微生物污水

图 2.3-3 试块浸泡 10d 后的污水

2. 试验结果

试块浸泡 50d 后，对试块外观进行观察，如图 2.3-4、图 2.3-5 所示。在高浓度污水和含厌氧型微生物污水中浸泡的试块，其表面附着了一层生物膜，并伴随有白色的斑点产生，将生物膜用水冲去，可以看到试块表面有霉斑和诸多小孔洞，试块形状基本完好，没有产生明显裂纹或残缺。在高浓度硫酸盐污水中浸泡的试块，其表面有白色的生成物出现，并随着时间的延长堆积厚度越来越厚，产生相应的沉淀堆积，也有较少孔洞产生，试块形状基本完好，没有产生明显裂纹或残缺。

(a) 100mm×100mm×300mm试块   (b)100mm×100mm×100mm试块   (c) 骨形试块

图 2.3-4 高浓度污水和含厌氧型微生物污水中试块表观

 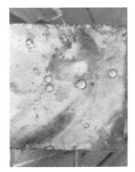 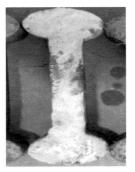

(a) 100mm×100mm×300mm试块   (b)100mm×100mm×100mm试块   (c) 骨形试块

图 2.3-5 高浓度硫酸盐污水中试块表观

对 C50 混凝土试块浸泡 50d 后的弹性模量、抗压强度和抗拉强度进行测试，对比不同腐蚀环境下污水对混凝土试块力学性能的破坏情况，测试结果见图 2.3-6～图 2.3-8。由于混凝土试块在制作过程中使用的骨料级配极其连续，导致混凝土试块测得的弹性模量、抗压强度偏高，但不影响对腐蚀性能结果的分析。

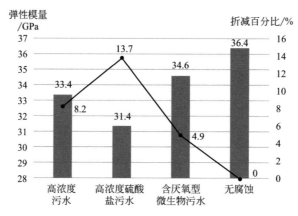

图 2.3-6　不同污水环境中 C50 混凝土试块弹性模量变化

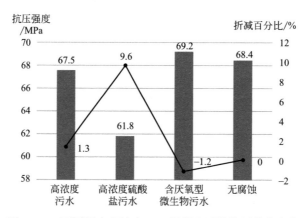

图 2.3-7　不同污水环境中 C50 混凝土试块抗压强度变化

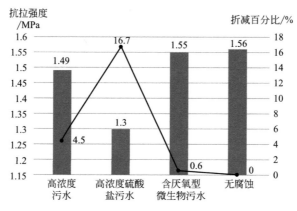

图 2.3-8　不同污水环境中 C50 混凝土试块抗拉强度变化

根据图 2.3-6～图 2.3-8 中折减量可以看出,高浓度硫酸盐污水对混凝土的腐蚀性最强,弹性模量降低 13.7%,抗压强度降低 9.6%,抗拉强度降低 16.7%;高浓度污水对混凝土的腐蚀性较强,弹性模量降低 8.2%,抗压强度降低 1.3%,抗拉强度降低 4.5%;含厌氧型微生物污水对混凝土的腐蚀性最弱,弹性模量降低 4.9%,抗压强度增加 1.2%,抗拉强度降低 0.6%。硫酸盐和氯盐等盐类在短期内能快速对混凝土造成腐蚀,从而使得试块产生力学性能的劣化;厌氧型微生物对混凝土产生的微生物腐蚀速度较慢,在短期内对混凝土试块难以产生力学性能上的折减。

综上所述,可以认为 3 种污水在短期内对混凝土的腐蚀性强弱为:高浓度硫酸盐污水、高浓度污水、含厌氧型微生物污水。硫酸盐腐蚀是污水隧道腐蚀的主要类型,腐蚀进程较快,而微生物腐蚀的进程较慢。对于混凝土的污水腐蚀破坏形态,硫酸盐腐蚀后的试块表面有一定厚度的白色覆盖物,并有些许孔洞。厌氧微生物腐蚀后的试块表面产生诸多霉斑和小孔洞。所有工况试块形状基本完好,没有产生明显裂纹或残缺。

2.3.1.3 污水对钢筋的加速锈蚀试验研究

钢筋锈蚀是污水导致钢筋混凝土结构腐蚀破坏的主要因素,基于污水对钢筋锈蚀的机理,采用室内电化学加速腐蚀手段,考虑混凝土保护层厚度、钢筋直径、混凝土强度等因素,探明钢筋锈蚀率对混凝土试件抗压强度、钢筋和混凝土粘结强度及钢筋抗拉强度的影响规律,探明钢筋锈蚀作用对钢筋混凝土结构力学性能的影响程度。

1. 试验准备

试验设备采用西南交通大学和中国建筑科学研究院共同开发的 RC 构件电化学快速腐蚀测试系统,该系统可对试样进行电化学加速腐蚀作用,并依据电化学加速腐蚀的机理,通过测量电子量,可计算得到试件中钢筋的腐蚀质量。系统设备整体见图 2.3-9。

图 2.3-9 RC 构件电化学快速腐蚀测试系统

根据影响钢筋锈蚀的主要原因,试验选用钢筋保护层厚度、钢筋直径、混凝土强度、锈蚀时间作为变量,试验方案见表 2.3-4。试验测试参数包括混凝土抗压强度、弹性模量、锈胀规律和粘结强度。测试混凝土抗压强度、弹性模量,锈胀规律统一采用 150mm×150mm×300mm 规格试件(1 号试件),测试粘结强度采用 150mm×150mm×150mm 规格试件(2 号试件),见图 2.3-10。钢筋采用热轧带肋钢筋,材料参数见表 2.3-5。

钢筋锈蚀试验方案 表 2.3-4

组号	影响因素	保护层厚度/mm	钢筋直径/mm	混凝土强度	锈蚀时间/h
1	保护层厚度	30	20	C30	100
2		40	20	C30	100
3		50	20	C30	100
4	钢筋直径	40	10	C30	100
5		40	16	C30	100
6		40	20	C30	100
7		40	20	C25	100
8		40	20	C30	100
9		40	20	C50	100
10	锈蚀率	40	20	C30	0
11		40	20	C30	30
12		40	20	C30	40
13		40	20	C30	60
14		40	20	C30	80
15		40	20	C30	100
16		40	20	C30	120

(a) 1号试件　　　　　　　　　　　　(b) 2号试件

图 2.3-10　混凝土试件

试验钢筋参数 表 2.3-5

直径/mm	类型	化学成分						抗拉强度/MPa
		C/%	Mn/%	Si/%	P/%	S/%	Ceq/%	
10	HRB335	0.22	1.37	0.54	0.023	0.021	0.46	553
16								545
20								540

试件电化学腐蚀见图 2.3-11。

(a) 加速锈蚀中的试件

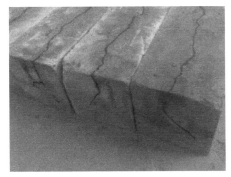
(b) 腐蚀后的试件

图 2.3-11 试件电化学腐蚀

2. 试验结果

（1）钢筋直径对钢筋混凝土力学性能的影响（见表 2.3-6、表 2.3-7）

钢筋直径对锈胀混凝土力学性能的影响　　　　　　表 2.3-6

钢筋直径/mm	抗压强度/MPa			弹性模量/×10⁴MPa		
	锈蚀前	锈蚀后	折减率/%	锈蚀前	锈蚀后	折减率/%
10	37.3	33.1	11.26	3.05	2.68	12.13
16	37.1	35.2	5.12	2.98	2.89	3.02
20	38.5	35.7	7.27	3.06	2.86	6.54

不同直径钢筋锈蚀前后承载能力变化情况　　　　　　表 2.3-7

钢筋直径/mm	锈蚀前		锈蚀后		变化幅度/%	
	极限荷载/kN	屈服荷载/kN	极限荷载/kN	屈服荷载/kN	极限荷载	屈服荷载
10	39.2	28.5	34.0	28.0	−13.3	−1.8
16	110.0	75.0	103.4	79.0	−6.0	5.3
20	172.4	123.0	165.6	119.0	−3.9	−3.3

在锈蚀量一定的条件下，随着钢筋直径的加大，锈蚀作用对混凝土的破坏作用降低。但是，试验中钢筋直径为 20mm 的试件和钢筋直径为 16mm 的试件相比，混凝土受到的损伤更大，这可能是由于试件制作过程、腐蚀过程以及弹性模量测试过程中有大量随机因素造成的（见图 2.3-12）。

锈蚀后钢筋的锈蚀状态和自然环境下钢筋的锈蚀状态有所差别，钢筋的锈蚀主要发生在靠近保护层的一侧，锈蚀后的断面近似为椭圆形。直径为 10mm 的钢筋基本呈现均匀锈蚀的状态，而直径为 20mm 的钢筋主要以局部坑蚀为主，且坑蚀部位大部分靠近钢筋端部，直径为 16mm 的钢筋的锈蚀状态介于两者之间。钢筋锈蚀后所能承受的极限荷载和屈强比的折减幅度，随钢筋直径的增大大致按相同幅度递减，钢筋屈服荷载基本没有发生变化。钢筋极限荷载、屈强比的变化幅度随钢筋直径的增大而减小。

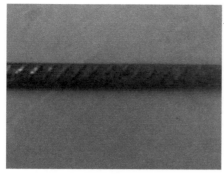

(a) 10mm钢筋均匀锈蚀状态　　　　　　　　(b) 20mm钢筋坑蚀状态

图 2.3-12　钢筋腐蚀状态

（2）保护层厚度对钢筋混凝土力学性能的影响（见表 2.3-8）

保护层厚度对混凝土力学性能的影响　　　　表 2.3-8

保护层厚度/mm	抗压强度/MPa			弹性模量/×10⁴MPa		
	锈蚀前	锈蚀后	折减率/%	锈蚀前	锈蚀后	折减率/%
30		33.1	10.78		2.68	10.07
40	37.1	35.7	5.12	2.98	2.89	3.02
50		35.8	3.50		2.86	4.03

随着钢筋锈蚀量的增加，保护层厚度 30mm 的试件首先开裂，裂缝的开展使溶液更充分地到达钢筋表面，从而加快了钢筋的锈蚀速率，使其比未开裂试件锈蚀速率更快，之后 40mm 保护层开裂，最后 50mm 保护层开裂。试件纵向面的裂缝全部出现在靠近钢筋的一侧，且只有一条贯通至表面的裂缝。在锈蚀量大体相当的条件下，保护层厚度越小，试件保护层一侧表面裂缝宽度越大。在横断面处，裂缝朝向远离钢筋一侧的展开深度随保护层厚度的增大而增大，图 2.3-13 为根据试块真实开裂状态所绘制。

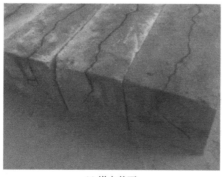

(a) 纵向截面　　　　　　　　　　　(b) 横断面

图 2.3-13　混凝土裂缝形式

在锈蚀量一定的条件下，随着保护层厚度的增加，锈蚀作用对混凝土的破坏效应逐渐降低。提高保护层厚度可改善钢筋锈蚀对混凝土力学性能的劣化效应（见表 2.3-9）。

不同保护层厚度对应的钢筋锈蚀前后承载能力变化情况　表 2.3-9

保护层厚度/mm	锈蚀前/kN		锈蚀后/kN		变化幅度/%	
	极限荷载	屈服荷载	极限荷载	屈服荷载	极限荷载	屈服荷载
30	172.4	123.0	162.2	117.0	5.9	4.9
40	172.4	123.0	165.6	119.0	3.9	3.3
50	172.4	123.0	169.6	120.0	1.6	2.4

钢筋极限荷载和屈服荷载随保护层厚度的增大而减小,当混凝土保护层厚度为 30mm 时钢筋极限荷载的降低幅度为 5.9%,屈服荷载的降低幅度为 4.9%;当混凝土保护层厚度为 50mm 时,钢筋极限荷载的降低幅度降低至 1.6%,屈服荷载的降低幅度降低至 2.4%。

(3) 混凝土强度等级对钢筋混凝土力学性能的影响(见表 2.3-10)

混凝土强度等级对锈胀混凝土力学性能的影响　表 2.3-10

混凝土强度等级	抗压强度/MPa			弹性模量/$\times 10^4$MPa		
	锈蚀前	锈蚀后	折减率/%	锈蚀前	锈蚀后	折减率/%
C25	31.31	27.22	13.06	2.56	2.22	13.28
C30	37.10	35.23	5.04	2.98	2.89	3.02
C50	61.53	57.71	6.21	3.60	3.36	6.67

在锈蚀量一定的条件下,随着混凝土强度等级的提高,锈蚀作用对混凝土力学性能的影响有逐渐降低的趋势,且弹性模量和抗压强度的变化趋势基本一致(见表 2.3-11)。

不同强度等级混凝土中钢筋锈蚀前后承载能力变化情况　表 2.3-11

混凝土强度等级	锈蚀前/kN		锈蚀后/kN		变化幅度/%	
	极限荷载	屈服荷载	极限荷载	屈服荷载	极限荷载	屈服荷载
C25	172.4	123.0	159.3	116.0	7.6	5.7
C30	172.4	123.0	165.6	119.0	3.9	3.3
C50	172.4	123.0	166.3	121.0	3.5	1.6

钢筋极限荷载、屈服荷载随混凝土强度的增大而减小,当混凝土强度等级为 C25 时钢筋极限荷载的降低幅度为 7.6%,屈服荷载的降低幅度为 5.7%;当混凝土强度等级为 C50 时,钢筋极限荷载的降低幅度降低至 3.5%,屈服荷载的降低幅度降低至 1.6%。

(4) 锈蚀时间对钢筋混凝土力学性能的影响(见表 2.3-12)

钢筋锈蚀时间对锈胀混凝土力学性能的影响　表 2.3-12

锈蚀时间/h	抗压强度			弹性模量		
	锈蚀前	锈蚀后	折减率/%	锈蚀前	锈蚀后	折减率/%
30	38.5	37.80	1.82	3.06	3.02	1.31
40	38.5	36.60	4.94	3.06	2.89	5.56
60	38.5	35.90	6.75	3.06	2.80	8.50
80	38.5	34.20	11.17	3.06	2.65	13.40
100	38.5	34.70	9.87	3.06	2.66	13.07
120	38.5	33.20	13.77	3.06	2.53	17.32

由表 2.3-12 可知，混凝土力学参数折减率的增长速率随锈蚀时间的增加而减小，这是由于试验过程中混凝土开裂后大量的锈蚀产物流出，流出的产物未能对混凝土的进一步劣化起到作用，因此会出现这一差异。试验过程中，通过声发射系统，精确捕捉到产生裂缝的时间在 40~50h。通过观察加速腐蚀后的试件，锈蚀时间在 60h 以上时全部产生了贯通至表面的裂缝，并且随着锈蚀时间的增长，裂缝宽度越来越大，将试件破形之后，可观察到钢筋的锈蚀状态随锈蚀时间的增加越来越严重。

由表 2.3-13 可知，钢筋极限荷载、屈服荷载的变化幅度随锈蚀时间的增加呈线性增长，且增长趋势较明显，当混凝土锈蚀时间为 30h 时，钢筋极限荷载的降低幅度为 0.7%，屈服荷载的降低幅度为 0；当混凝土锈蚀时间为 120h 时，钢筋极限荷载的降低幅度增大至 5.9%，屈服荷载的降低幅度增大至 4.9%。在此过程中，屈强比的降低幅度随混凝土抗压强度的变化从 0.7% 增加至 1.1%，变化幅度很小。

不同锈蚀时间所对应的钢筋承载能力变化情况 　　　　　　　　表 2.3-13

锈蚀时间/h	锈蚀前/kN		锈蚀后/kN		变化幅度/%	
	极限荷载	屈服荷载	极限荷载	屈服荷载	极限荷载	屈服荷载
30	172.4	123.0	171.2	123.0	0.7	0
40	172.4	123.0	169.8	122.0	1.5	0.8
60	172.4	123.0	167.2	121.0	3.0	1.6
80	172.4	123.0	165.8	120	3.8	2.4
100	172.4	123.0	166.3	121.0	3.5	1.6
120	172.4	123.0	162.2	117	5.9	4.9

（5）钢筋与混凝土粘结强度的变化规律

不同条件下钢筋锈蚀后钢筋混凝土粘结强度的变化情况见表 2.3-14，钢筋锈蚀后，其最大拉拔载荷的降低程度随钢筋直径以及混凝土强度等级的增大而降低，大致呈线性关系。而钢筋锈蚀时间与最大拉拔载荷之间的线性关系不明显，当钢筋锈蚀时间为 30h 时最大拉拔荷载降低幅度为 1.41%，这说明在钢筋锈蚀的初期，钢筋混凝土之间的粘结强度是增大的，而当锈蚀时间大于 40h 时，钢筋所承受的最大拉拔荷载的降低幅度随锈蚀时间的增加而逐渐增大。

不同条件下钢筋锈蚀对钢筋混凝土粘结强度的影响 　　　　　　　　表 2.3-14

项目	参数值	最大拉拔载荷		折减率/%
		锈蚀前/kN	锈蚀后/kN	
钢筋直径	10mm	55.2	34.6	37.32
	16mm	70.0	49.2	29.71
	20mm	85.0	67.6	20.47
混凝土强度	C25	65.4	44.5	31.96
	C30	85.0	67.6	20.47
	C50	113.2	95.2	15.90

项目	参数值	最大拉拔载荷		折减率/%
		锈蚀前/kN	锈蚀后/kN	
锈蚀时间	0h	85.0	85.0	0.00
	30h		86.2	−1.41
	40h		82.0	3.53
	60h		80.8	4.94
	80h		72.4	14.82
	100h		67.6	20.47

综上所述,当钢筋混凝土结构中的钢筋发生锈蚀后,对混凝土以及钢筋自身的力学性能均有不同程度的影响。混凝土弹性模量和强度等级在钢筋锈蚀时均会有所下降。当锈蚀量一定时,其降低幅度随钢筋直径的增大而减小,随混凝土保护层厚度的增大而减小,随混凝土强度等级的增大而减小,随锈蚀时间的增加而增大。钢筋发生锈蚀后,其极限抗拉荷载将降低,考虑到锈蚀后钢筋实际截面积的减小,其极限抗拉强度一般不变,而屈服强度升高。在锈蚀量一定的条件下,钢筋等效屈服荷载和极限荷载的折减率随钢筋直径的增大而减小,随保护层厚度的增大而减小,随混凝土强度等级的增大而减小,随锈蚀时间的增加而增大。钢筋混凝土粘结强度的折减率随钢筋直径的增大而减小,随混凝土强度等级的增大而减小,随锈蚀时间的增加而增大。

2.3.2　污水盾构隧道衬砌结构设计选型研究

2.3.2.1　污水盾构隧道荷载

1. 结构荷载

根据目前国内外盾构隧道设计的相关理论,对于深隧工程这种深埋盾构隧道,盾构外侧土压荷载主要采用太沙基理论、深埋荷载理论进行取值。

(1)太沙基理论

对于隧洞覆土高度不足1倍洞径的浅埋覆土,垂直土压力宜取全覆土荷载,当覆土厚度大于1倍洞径时,应按太沙基坍落拱理论计算垂直土压力。由于考虑黏聚力的影响,计算结果可能很小或者出现负值,因此规定太沙基理论计算时取1.5倍洞径覆土荷载。

$$\sigma_{v} = \frac{B\left(\gamma - \dfrac{c}{B}\right)}{2K\tan\varphi}(1 - e^{-2K\frac{z}{B}\tan\varphi}) + q e^{-2K\frac{z}{B}\tan\varphi}$$

$$B = R \cdot \cot\left(\frac{\pi/4 + \varphi/2}{2}\right)$$

式中,σ_{v} 为土层的垂直压力;γ 为土层的密度;c 和 φ 为土层的黏聚力和内摩擦角;B 为计算宽度;K 为土层的侧压力系数;z 为计算深度;q 为上部载荷;R 为隧道外径。

土层的水平压力(σ_{h})为:

$$\sigma_{h} = K \cdot \sigma_{v}$$

（2）深埋荷载理论

对于岩石地层，根据《铁路隧道设计规范》TB 10003，深埋隧洞衬砌时围岩压力按松散压力考虑，其垂直均布压力可按下方计算：

$$q = \gamma h$$
$$h = 0.45 \times 2^{s-1} \omega$$

式中，s 为围岩级别；ω 为宽度影响系数，$\omega = 1 + i \ (B-5)$；B 为坑道宽度（m）；i 为 B 每增减 1m 时的围岩压力增减率；当 $B < 5$m 时，取 $i = 0.2$，当 $B > 5$m 时，可取 $i = 0.1$。

根据盾构施工相关经验，盾构计算时垂直荷载取深埋荷载公式的两倍。

污水隧道的内径有三种，因此按照隧道内径选取三种断面进行计算分析，分别为：①断面里程 K6+820，内径 $D = 3$m，上覆土层依次为素填土、残积黏性土、中风化粉砂岩，埋深 36.5m，水头高度 33.8m；②断面里程 K11+007，内径 $D = 3.2$m，上覆土层依次为素填土、粉质黏土、强风化泥质细粉砂岩、中风化泥质细粉砂岩，埋深 35.5m，水头高度 30m；③断面里程 K13+800，内径 $D = 3.4$m，上覆土层依次为耕植土、粉质黏土、强风化含粉砂泥岩、中风化泥质细粉砂岩，埋深 32.5m，水头高度 32m。

以 $D = 3.4$m 特征断面为例，考虑水土分算和合算时的荷载如表 2.3-15 所示。运营期水土分算和水土合算的管片内力，见图 2.3-14 和图 2.3-15。

$D = 3.4$m 断面隧道载荷计算结果 表 2.3-15

参数数值		水土分算		水土合算	
结构外径/m	4.3	上部水土压力/kPa	172.00	上部水土压力/kPa	172.00
覆土厚度/m	8.6	侧向顶部土压力/kPa	43.00	侧向顶部水土压力/kPa	86.00
竖向水土压力/kPa	172	侧向底部土压力/kPa	64.50	侧向底部水土压力/kPa	129.00
内水压力/MPa	0.4	侧向顶部水压力/kPa	86.00	底部水压力/kPa	129.00
		侧向底部水压力/kPa	129.00		
		底部水压力/kPa	129.00		
		侧向顶部水压力/kPa	129.00		
		侧向底部水压力/kPa	193.50		

运营期时由于内水压力较大，导致管片和二衬的轴力为拉力，水土合算时管片和二衬所受的拉力比水土分算时更大，对结构更为不利。从偏于安全的考虑出发，后续计算时，取水土分算和水土合算中的最不利情况进行分析。

2. 结构加载模式

管片衬砌结构计算模型采用较为成熟且常用的梁-弹簧模型进行计算，接头刚度取 $k = 1 \times e^7$ N/m，地层效应采用全周径向和切向压缩弹簧模拟，弹簧刚度结合地质勘察报告和经验选取。管片衬砌与二衬采用叠合结构进行计算，管片和内衬之间为抗剪压模型，两者的相互作用按摩尔-库仑准则考虑，接合面所能承受的最大剪应力符合库仑强度准则：

$$\tau_m = \tau_0 + \sigma_n \mu$$

式中，τ_m 为接合面的剪切强度，kN/m²；τ_0 为接合面混凝土的胶结力，kN/m²；σ_n 为接合面的垂直应力，kN/m²；μ 为摩擦系数，无量纲。

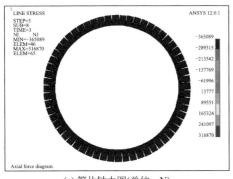

(a) 管片轴力图(单位：N)

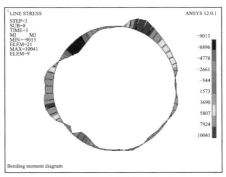

(b) 管片弯矩图(单位：N•m)

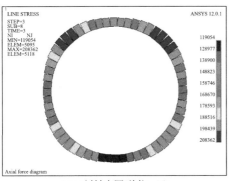

(c) 二衬轴力图(单位：N)

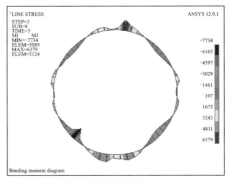

(d) 二衬弯矩图(单位：N•m)

图 2.3-14　双层衬砌时运营期水土分算管片及二衬计算结果

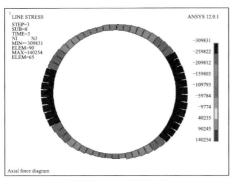

(a) 管片轴力图(单位：N)

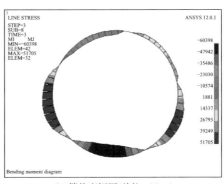

(b) 管片弯矩图(单位：N•m)

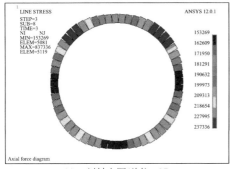

(c) 二衬轴力图(单位：N)

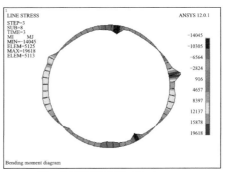

(d) 二衬弯矩图(单位：N•m)

图 2.3-15　双层衬砌时运营期水土合算管片及二衬计算结果

模拟计算分为隧洞施工期和运营期两个阶段，分别进行结构静力计算。盾构隧洞施工期仅管片衬砌结构施加外侧水土压力和施工荷载，盾构隧洞施工完成后，盾构管片外侧水土压力按照水土合算进行考虑；隧道进入运营阶段后对管片和内衬双层衬砌结构施加内侧水压力和其他在施工完成后再出现或发生变化的荷载（如极端水土压力、变化荷载等），管片结构内力需叠加施工期内力，内衬结构仅考虑运营期荷载产生的内力（见图 2.3-16）。

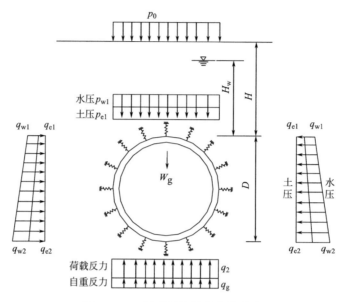

图 2.3-16 隧道结构计算荷载模式

2.3.2.2 污水盾构隧道衬砌结构选型

1. 盾构隧道衬砌结构

国内外排水隧道盾构法施工较多，顶管法施工较少。盾构隧道衬砌结构包括单层预制管片以及外层预制管片＋内衬双层结构，顶管隧道主要以整环衬砌结构为主。针对大东湖污水盾构隧道，可选的衬砌结构形式有：

（1）单层衬砌结构

采用钢筋混凝土管片单层衬砌结构，管片内侧不另设内衬，施工期间管片承受外部水土压力，运行期间还需承受内水压力。考虑保护管片结构、使内表面光滑、增加结构的耐久性等诸多因素，也可设置内衬，但不计其承担荷载。

该结构形式受力明确，部分内外水压力可以相互抵消，当内外压差不大时，结构合理、经济、施工较为简单快捷。由于管片结构直接承受内水作用，其结构耐久性要求高，鉴于钢筋混凝土管片的材料和螺栓连接的特性，此种结构不具备承担较大的内外压差的条件。

（2）叠合式双层衬砌结构

结构外部采用钢筋混凝土管片衬砌结构，内部另设二衬（内衬）结构，内衬与外衬之间采取有效措施紧密结合，施工阶段的外部水土压力由外衬承担，内衬的自重及运行阶段的内水压力由内外衬共同承担，内外衬间不仅可以传递压力，而且可以传递拉力和剪力。

该结构隧洞内表面比较平滑，对外衬内表面的耐久性要求较低，外衬接缝不必考虑内水压力作用。该结构要求内外衬砌紧密结合，共同承受运行阶段的内水压力，内外衬砌受力复杂，外衬管片的接缝是内衬应力集中处，易产生裂缝，因此施工质量要求高。

（3）复合式双层衬砌结构

结构外部采用钢筋混凝土管片衬砌结构，内部设置二衬（内衬）结构，内衬与外衬紧密贴合，施工阶段外衬承担外部水土压力，内衬的自重及运行阶段的内水压力由内外衬按结构刚度比例共同分担，内外衬间仅可传递压力，不可传递拉力和剪力。该结构的优点与叠合式双层衬砌基本相同，两层衬砌之间传力相对较明确。但该形式衬砌要求内外衬都有较高的水密性，内外衬只要有一处漏水，就会对另一层衬砌产生破坏性影响。

（4）分离式双层衬砌结构

该种结构在内衬与外衬之间设置隔离层，使两者分别受力。隧道外部的水压和土压等外部荷载由外衬承受，内衬需承担其自重及内水压力。外衬仍采用钢筋混凝土管片结构，内衬必须保证在高拉应力下的防水性能，多采用钢衬、预应力钢筋混凝土内衬或洞内直接铺设 PCCP 管。该种结构受力明确，安全度高，防水性能好，一般用在内外压力差较大的隧道（见图 2.3-17）。

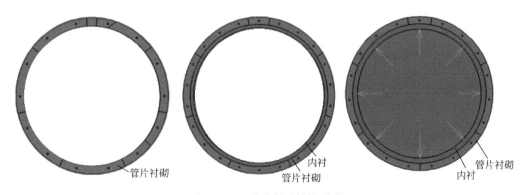

图 2.3-17　隧道断面结构形式

鉴于单层衬砌结构、双层衬砌结构两种结构形式在国内外排水隧道工程中都有成功案例可循，考虑到本项目污水隧道所处埋深较大、外部水土压力较大，且同时承受运营期较大的内水压力作用，应从结构受力角度对结构形式的比选加以论证。因此，在同一地层条件下，分别对单层管片衬砌与双层衬砌结构形式下衬砌结构的受力性能加以分析，比选出较优的衬砌结构形式。

2. 衬砌结构受力分析

以 $D=3.4$m 特征断面为例，对衬砌结构受力进行分析。其中单层管片衬砌管片厚度为 450mm，双层管片衬砌管片厚度为 250mm、二次衬砌厚度为 200mm，单层与双层管片分块方式均采用五等分分块方式。此外，采用单层管片衬砌时，施工期、运营期均由单层管片结构承受外部水土压力和内部水压；采用双层衬砌时，施工期间由管片承受外部围岩压力、水压力，运营期间的外部围岩压力、水压力以及内水压力由管片结构和衬砌结构共同承担，计算求得衬砌结构内力与变形如表 2.3-16 所示，衬砌结构受力云图如图 2.3-18～图 2.3-21 所示。

单、双层衬砌计算结果 表 2.3-16

衬砌类型	工况	管片				二衬			
		最大正弯矩 /(kN·m)	对应轴力 /kN	最大负弯矩 /(kN·m)	对应轴力 /kN	最大正弯矩 /(kN·m)	对应轴力 /kN	最大负弯矩 /(kN·m)	对应轴力 /kN
单层衬砌	施工期	131	334.5	−120.2	600				
	运营期	115.2	187(拉)	−127.9	133				
双层衬砌	施工期	82.6	134.2	74.45	402	93.0	193.7	80.8	269.4
	运营期	80.8	74	74.0	298	21.7	156(拉)	15.6	186(拉)

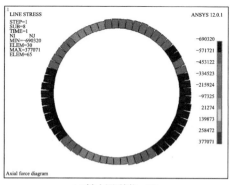

(a) 轴力图(单位：N)

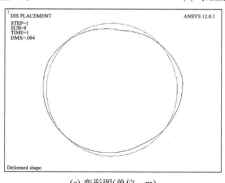

(b) 弯矩图(单位：N·m)

(c) 变形图(单位：m)

图 2.3-18 单层衬砌施工期计算结果

从单、双层衬砌计算结果可以得出：

(1) 采用单层衬砌，施工期衬砌处于压弯受力状态，运营期最大正弯矩对应轴力处于受拉状态，结构受力极为不利，受拉区存在开裂风险；

(2) 采用双层衬砌，施工期管片和二衬均处于压弯受力状态，运营期管片处于压弯状态、二衬处于受拉状态，其所受弯矩较小，整体受力较采用单层管片衬砌时有利；

(3) 考虑到污水深隧工程运营期内部污水介质存在一定的腐蚀性，采用双层衬砌在防水、防腐蚀性能相比单层衬砌具有较强的优势。

因此，污水隧道采用外层预制管片+二次衬砌双层衬砌结构形式更加具有优势。

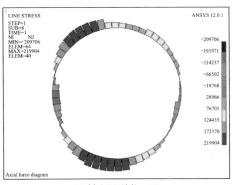

(a) 轴力图(单位: N)

(b) 弯矩图(单位: N·m)

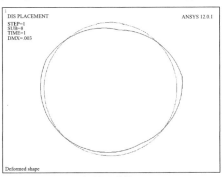

(c) 变形图(单位: m)

图 2.3-19 单层衬砌运营期计算结果

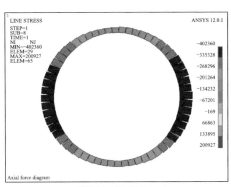

(a) 管片轴力图(单位: N)

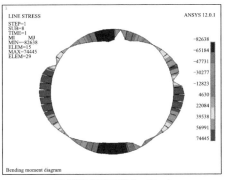

(b) 管片弯矩图(单位: N·m)

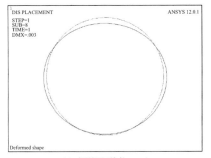

(c) 变形图(单位: m)

图 2.3-20 双层衬砌施工期计算结果（一）

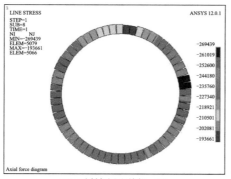
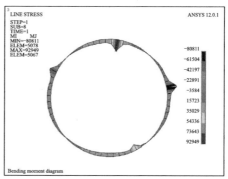

(d) 二衬轴力图(单位：N)　　　　(e) 二衬弯矩图(单位：N•m)

图 2.3-20　双层衬砌施工期计算结果（二）

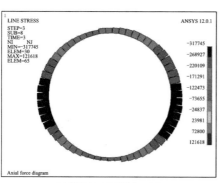
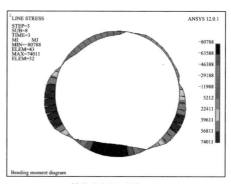

(a) 管片轴力图(单位：N)　　　　(b) 管片弯矩图(单位：N•m)

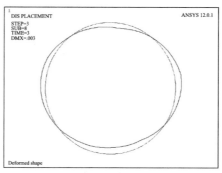

(c) 变形图(单位：m)

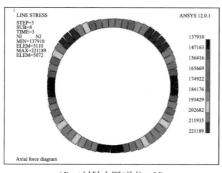
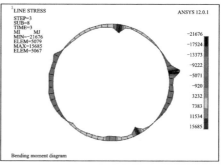

(d) 二衬轴力图(单位：N)　　　　(e) 二衬弯矩图(单位：N•m)

图 2.3-21　双层衬砌运营期计算结果

2.3.2.3 污水盾构隧道衬砌环设计

1. 管片形式

盾构隧道一般采用钢筋混凝土管片,其形式主要有箱形管片和平板形管片。箱形管片主要用于大直径隧道,手孔较大更利于螺栓的穿入和拧紧,同时节省了大量的混凝土材料,减轻了结构自重,但在千斤顶的作用下容易开裂,国内应用较少。对于中小直径的盾构隧道,国内外普遍采用平板形管片,在相等厚度的条件下,平板形管片的抗弯刚度和强度均大于箱形管片,且管片混凝土截面削弱较小,对盾构推进装置的顶力具有较大的抵抗能力,故管片形式选择钢筋混凝土平板形管片更适宜。

2. 衬砌拼装方式

管片拼装方式通常有通缝拼装和错缝拼装两种,见图2.3-22。通缝拼装具有构造简单、施工方便等优点。错缝拼装可使接缝均匀分布,在管片的整体刚度、整体均匀受力以及防水等方面具有优势。目前,国内外大多数盾构隧道均采用错缝拼装。由于管片衬砌错缝拼装的要求,衬砌环纵向螺栓沿环向必为均匀分布。纵向螺栓的数量直接影响隧道衬砌的纵向刚度和错缝拼装组合形式。纵向螺栓数量越多,隧道衬砌的纵向刚度越大,错缝拼装组合形式也越灵活,环缝受到更均匀的螺栓紧固力,对隧道的防水有利,但拼装速度较慢。综合考虑,本工程设计采用错缝拼装。

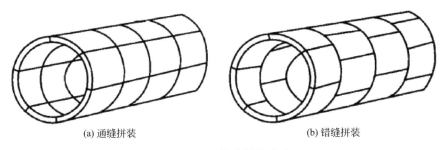

(a) 通缝拼装   (b) 错缝拼装

图 2.3-22 管片拼装形式

3. 衬砌环分块

衬砌环的分块及宽度主要由管片的制作、防水、运输、拼装、隧道总体线形、地质条件、结构受力性能、盾构掘进机选型等因素确定。随着分块数量的增加,衬砌环刚度降低,柔度增加。柔性衬砌可充分利用围岩的自承能力,但接缝增多,拼装速度慢,不利于防水。目前地铁隧道常用6分块模式,即3块标准块,2块邻接块,1块封顶块;对于更小直径的隧道,采用6分块模式及5分块模式均有实践经验。管片分块方法总体上有等分模式及不等分模式,等分模式下整环内每一块单体管片的构造形式和外形尺寸完全相同,这种分块方法便于施工、能有效减少整环分块数目,并且由于没有小封顶块,采用错缝拼装时管片整体刚度较为均匀,是一种理想的受力分块方式;不等分模式一环管片一般是由几块A型管片(标准块)、两块B型管片(邻接块)和一块K型管片(封顶块)组成。针对大东湖深隧,以 $D=3.4\text{m}$ 特征断面为例,拟选择 2+2+1、3+2+1、5 等分这三种分块方案进行管片结构内力和变形计算,确定管片分块形式。

(1) 3+2+1 分块。封顶块圆心角为 21.5°,邻接块为 68°、标准块为 67.5°,纵向螺栓16颗,8.8级M27,按 22.5° 等分布置,如图2.3-23所示。

（2）2+2+1分块。封顶块圆心角40°，两邻接块圆心角80°，标准块的圆心角80°，纵向螺栓18颗，8.8级M27，按20°等分布置，如图2.3-24所示。

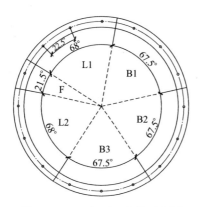

图2.3-23　3+2+1分块示意图

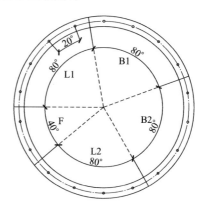

图2.3-24　2+2+1分块示意图

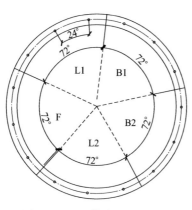

图2.3-25　5等分分块示意图

（3）5等分分块。封顶块、邻接块和标准块的圆心角均为72°，纵向螺栓9915颗，8.8级M30，按24°等分布置，如图2.3-25所示。

从各分块方案的计算情况（见表2.3-17）来看，2+2+1分块和5等分分块方案下管片和二衬的内力较小，3+2+1分块方案下管片和二衬的内力较大，在施工期，管片和二衬均承受压力，在运营期，由于存在较高的内水压力，管片承受压力，二衬则承受拉力，其中，5等分分块方案下二衬所受的拉力较小。由于管片和二衬均为钢筋混凝土结构，由钢筋混凝土的结构特性可知，管片和二衬组成的衬砌结构可以承受较大的压力，但是拉力对结构十分不利，较大的拉力会使二衬混凝土开裂，管道内的污水可能因此更容易进入二衬内部，加速二衬及管片的锈蚀劣化。因此，从避免结构受拉的角度看，5等分分块方案使结构所受的拉力最小。此外，当分块较少时单块管片重量较大，不利于吊装和运输，分块太多时不利于结构的刚度和防水。因此综合考虑，选用5等分分块方式更宜。

分块模式计算结果　　　　　　　　　　　　表2.3-17

分块方式	工况	管片			
		最大正弯矩/(kN·m)	对应轴力/kN	最大负弯矩/(kN·m)	对应轴力/kN
2+2+1	施工期	65.508	−118.69	−56.311	−370.086
2+2+1	运营期	85.142	−125	−70.85	−345
3+2+1	施工期	59.5	−128	−51.3	−322
3+2+1	运营期	70.3	−155	−56.8	−366
5等分	施工期	61.752	−119.819	−52.851	−367.56
5等分	运营期	60.398	−61	−51.705	−255

分块方式	工况	二衬			
		最大正弯矩 /(kN·m)	对应轴力 /kN	最大负弯矩 /(kN·m)	对应轴力 /kN
2+2+1	施工期	58.115	−240.862	−73.449	−290.134
2+2+1	运营期	13.945	321	−10.819	260
3+2+1	施工期	80.2	−225	−68	−287
3+2+1	运营期	7.9	305	−9.4	266
5等分	施工期	85.052	−215.233	−71.419	−287.804
5等分	运营期	14.045	190.6	−19.618	172

4. 衬砌环宽度

根据工程经验，衬砌环宽度一般为1000mm、1200mm、1500mm。环宽越大，隧道结构的纵向刚度越大，抗变形能力增强；接缝越少，越利于防水；连接件减少，施工速度加快，但不便于管片制作、运输、拼装，也不适用于小半径曲线的施工。另外，管片环宽度增大后会直接影响盾构机的灵敏度。因此，管片也不是越宽越好。由于本隧道管径较小，最小曲线半径约为350mm，为增加盾构拼装过程的灵活性并减少管片的拼装误差，因此衬砌环选用幅宽为1000mm。

5. 管片衬砌制作要求

为保证装配式结构良好的受力性能，避免衬砌过大开裂和变形，保证结构的耐久性，衬砌制作和拼装要求详见表2.3-18。

衬砌制造及拼装精度要求 表 2.3-18

项目		允许偏差/mm
单块检验	管片宽度	±1
	管片弧长、弦长	±1
	管片厚度	+3，−1
	螺栓孔孔径、孔位	±1
整环拼装检验	成环后内径	±2
	成环后外径	+6，−2
	环向缝间隙	2
	纵向缝间隙	2

6. 衬砌厚度

一般情况下，管片厚度越大，其截面抗弯能力越强，可以节约钢筋用量，但同时也增加了混凝土用量，而且刚度增大也会增加截面的内力。因此，管片厚度的选取应视管片接头部位和混凝土截面的受力情况而定。管片厚度与隧道断面的比值，主要决定于围岩条件、荷载条件、覆盖层厚度等，但有时隧道的使用目的和管片施工条件也起支配作用。根据施工经验，管片厚度一般为衬砌环外径的4%左右。

综合分析大东湖深隧的埋深、工程地质及水文地质条件、周围的环境情况以及隧道结构的耐久性，参考和借鉴其他类似工程的设计经验，针对"双层衬砌"结构不同厚度形式进行计算，具体工况为：①"双层衬砌"结构，管片厚度 250mm，二衬厚度 200mm；②"双层衬砌"结构，管片厚度 300mm，二衬厚度 200mm；③"双层衬砌"结构，管片厚度 300mm，二衬厚度 250mm。计算结果见表 2.3-19。

管片厚度计算结果　　　　　　　　　　　　　　　　　　　　　　表 2.3-19

工况	管片厚度/mm	二衬厚度/mm	衬砌内径/m	管片				二衬			
				最大正弯矩/(kN·m)	对应轴力/kN	最大负弯矩/(kN·m)	对应轴力/kN	最大正弯矩/(kN·m)	对应轴力/kN	最大负弯矩/(kN·m)	对应轴力/kN
施工期	250	200	3.4	61.752	−119.816	−52.851	−367.56	85.052	−215.233	−71.419	−287.804
运营期	250	200	3.4	60.398	−61	−51.705	−255	14.045	190.6	−19.618	172
施工期	300	200	3.4	82.638	−134.232	−74.445	−402.36	92.949	−193.661	−80.811	−269.439
运营期	300	200	3.4	80.788	−74	−74.011	−298	21.676	156	−15.685	186
施工期	300	250	3.4	73.17	−127.113	−65.87	−373.458	108.667	−212.846	−96.888	−313.07
运营期	300	250	3.4	77.874	−110	−68.595	−310	19.991	200	−26.284	180
施工期	250	200	3.2	49.898	−95.549	−43.499	−290.787	68.891	−165.303	−59.567	−59.567
运营期	250	200	3.2	54.5	−167	−45.8	−288	4	213	−8	175
施工期	300	200	3.2	66.129	−107.322	−60.536	−319.235	74.701	−149.067	−66.409	−216.235
运营期	300	200	3.2	70	−176	−63.7	−298	8.6	160	−5.1	189
施工期	300	250	3.2	57.638	−52.76	−53.18	−296.757	86.768	−164.223	−78.782	−251.832
运营期	300	250	3.2	70.6	−187	−61.6	−333	4.4	215	−8.6	183
施工期	250	200	3	37.767	−71.925	−33.531	−218.494	52.427	−120.293	−46.524	−175.065
运营期	250	200	3	42.4	−137	−36.5	−237	3.1	132	−5.8	106
施工期	300	200	3	49.631	−81.164	−46.35	−240.833	56.513	−108.796	−51.235	−165.459
运营期	300	200	3	54.1	−147	−49.9	−246	4.1	122.1	−6.2	96
施工期	300	250	3	42.573	−76.674	−40.406	−224.04	65.305	−120.037	−60.209	−192.964
运营期	300	250	3	54.3	−153	−48.4	−269	3.7	135	−6.1	110

以衬砌内径 $D=3.4\text{m}$ 工况为例，当管片厚度为 250mm，二衬厚度为 200mm 时，管片和二衬的受力较小；当管片厚度为 300mm，二衬厚度为 200mm，以及管片厚度为 300mm，二衬厚度为 250mm 时，管片及二衬的受力较大，这是由于管片及二衬厚度加大以后，结构的刚度变大，导致结构内力增大。从管片和二衬所受的偏心距来看，当管片厚度为 250mm，二衬厚度为 200mm 时，在不同弯矩与轴力的组合下，管片的偏心距在施工期为 0.5m 左右，在运营期为 0.9m 左右，二衬的偏心距在施工期为 0.4m 左右，在运营期为 0.1m 左右；当管片厚度为 300mm，二衬厚度为 200mm 时，在不同弯矩与轴力的组合下，管片的偏心距在施工期为 0.6m 左右，在运营期为 1.1m 左右，二衬的偏心距在施工期为 0.5m 左右，在运营期为 0.1m 左右；当管片厚度为 300mm，二衬厚度为 250mm 时，在不同弯矩与轴力的组合下，管片的偏心距在施工期为 0.6m 左右，在运营期为 0.7m 左右，二衬的偏心距在施工期为 0.5m 左右，在运营期为 0.15m 左右。因此综合考

虑，推荐选用管片 250mm，二衬 200mm 结构方案。

7. 内衬与管片连接方式

目前，国内外较为常见的双层衬砌连接方式有叠合模式和复合模式，其中叠合模式衬砌施工阶段由管片承担外部水土压力，施工期间双层结构共同承担，内外衬间可传递压力、剪力，由于形成一个整体，二衬厚度一般比较薄；复合模式衬砌施工阶段由管片承担外部水土压力，施工期间外部水土压力和内部水压力按双层结构刚度比例分担，内外衬间可传递压力，不可以传递剪力，二衬厚度一般较厚，由于充分利用了二衬的截面，从经济性角度来说，叠合模式要较优于复合模式。因此，本项目采用叠合模式双层衬砌。

内衬与管片采用锚筋进行连接，在管片预制过程中，沿管片环向预埋进锚筋，预留接驳器，在二衬浇筑时将锚筋接入二衬，使管片与二衬形成一个受力整体，连接方式见图 2.3-26。

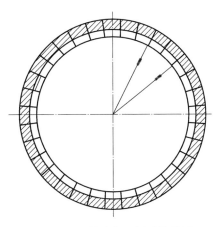

图 2.3-26　管片与二衬连接设计

2.3.2.4　污水盾构隧道结构防水及防腐设计

大东湖深隧设计目标为百年耐久，由于没有停水检修条件，对隧道结构防腐抗渗设计有极高的要求，因此针对隧道结构防水、防腐进行优化设计，保证运行安全。

1. 叠合结构连接设计

保证衬砌之间的有效连接是叠合模式双层衬砌结构体系设计的重点，有效手段为在衬砌之间进行钢筋连接。考虑存在隧道外部水体从管片接缝进入内衬及管片之间的可能性，内衬采用双层钢筋设计，内侧环向钢筋主要承受运营期的内水压力，外侧环向钢筋主要预防外水压力。管片预制时需预埋与内衬钢筋连接的钢筋接驳器，连接钢筋一端车丝与接驳器连接，另一端与内衬钢筋绑扎；同时管片螺栓孔处设置连接钢筋，连接钢筋一端与螺栓垫片焊接，另一端与内衬钢筋绑扎（见图 2.3-27）。充分保障内衬结构与盾构管片之间的受力传递，实现二者共同受力。

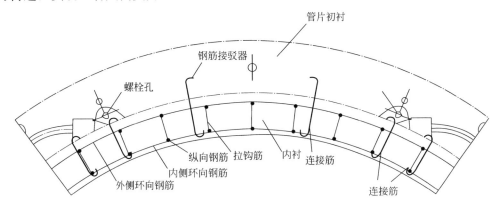

图 2.3-27　管片与二衬结构连接设计

2. 防水设计

大东湖深隧结构防水等级为二级。结构防水的措施共分为以下四类。

（1）结构自防水

隧道管片的混凝土强度等级为 C50，抗渗等级为 P12，限制裂缝开展宽度≤0.2mm。

（2）衬砌外注浆防水

在衬砌管片与天然土体之间存在环形空隙，通过同步注浆与二次注浆充填空隙，形成一道外围防水层，有利于隧道的防水。

（3）管片接缝防水

在管片接缝处设置弹性密封垫（三元乙丙橡胶）和嵌缝（聚硫密封胶）两道防水措施，并以弹性密封垫为主要防水措施，如图 2.3-28 所示。

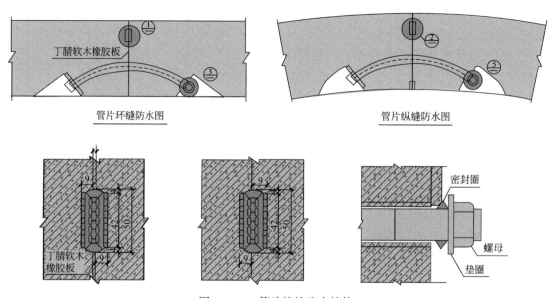

图 2.3-28　管片接缝防水结构

（4）二衬接缝防水

内衬变形缝的防水设计是影响整个隧道结构防水效果的关键点。由于隧道采用双层衬砌结构，根据规范的防水设防要求，衬砌结构采用 C50 高强度混凝土制成的高精度管片拼装，设计抗渗等级 P12；二次衬砌采用 C40 自密实高性能早强防水混凝土，混凝土抗渗等级 P12，内衬浇筑设计推荐采用整体模筑衬砌。内衬环向施工缝每 12m 设置一道，中间设置镀锌钢板止水带，如图 2.3-29 所示；变形缝处全环设置紫铜止水片、外贴式橡胶止水带；背水侧 3cm 内空隙采用聚硫密封胶填塞密实，其余空隙采用闭孔型聚乙烯泡沫塑料板。变形缝宽 20mm，间距每 24m 设置一道，如图 2.3-30 所示。

若采用整圆浇筑，由于本项目隧道内径小，二衬成型内径最大只有 3.4m；二衬断面薄且配筋较多，二衬厚度仅 200mm。根据《地下工程防水技术规范》GB 50108—2008 要求，"变形缝处混凝土结构的厚度不应小于 300mm"，工程设计内容与规范要求难以匹配；同时二衬混凝土性能要求较高，整圆浇筑质量控制较难。施工缝及变形缝处的止水带严重影响二衬端部模板封堵，施工效率低且中埋式止水带不密实易形成渗水通道。

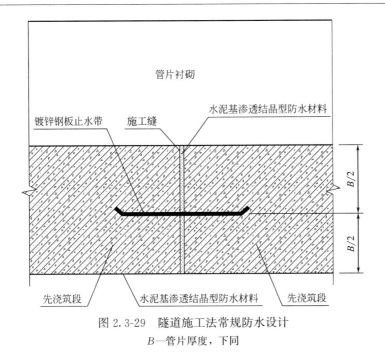

图 2.3-29　隧道施工法常规防水设计
B—管片厚度，下同

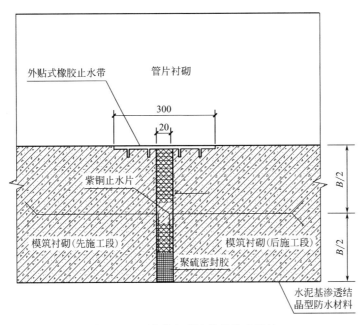

图 2.3-30　隧道变形缝常规防水设计

　　针对内衬变形缝、施工缝的防水设计难点，经过反复研讨，创新性提出了薄壁内衬的高效防水设计方案，将隧道整圆浇筑方案调整为"仰拱＋拱墙"施工，同时优化变形缝防水设计。考虑到二衬实际厚度比规范要求薄，为满足施工效率及质量要求，取消中埋式止水带，在此基础上，为达到防水措施要求，在内侧增设 Ω 形止水带，即在减少一道防水措施的同时增加两道更易于实施的防水措施（见图 2.3-31）。

　　具体来讲，防水设计包括内衬施工前、中、后处理三个步骤。内衬施工前先在管片内

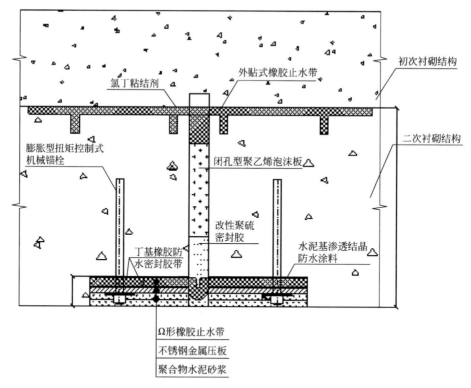

图 2.3-31　内衬变形缝设计

侧粘贴一圈外贴式橡胶止水带，内衬施工时利用闭孔型聚乙烯泡沫板预留环向断面及内弧面"凹"形槽口，内衬施工后拆除部分泡沫板，在槽口内施工改性聚硫密封胶、第一层丁基橡胶防水密封胶带、Ω形橡胶止水带、第二层丁基橡胶防水密封胶带、不锈钢金属压板、膨胀型扭矩控制式机械锚栓等，最后采用聚合物水泥砂浆抹面，保持内衬内弧面的平顺，避免污水传输过程中的淤积。

　　针对深隧内衬变形缝防水的创新设计，经过施工实践，可极大缩短二衬施工工期，提高二衬施工质量。采用"仰拱＋拱墙"的浇筑方案便于施工，有利于多作业面同时作业，提高施工工效与二衬浇筑质量，尤其是二衬拱顶浇筑质量，该设计对于薄壁内衬结构具有一定的可借鉴性。

　　3. 防腐蚀设计

　　深隧防腐遵循"预防为主和防护结合的原则"，根据城市污水的腐蚀性、环境条件、施工维修条件等，因地制宜，区别对待，综合选择防腐蚀措施。对危及人身安全和维修困难的部位，以及重要的承重结构和构件应加强防护。

　　参考现行规范，大东湖深隧结构腐蚀为弱腐蚀。根据国外深隧工程的实践经验，可采用的防腐蚀设计方案如下：①添加混凝土聚合物（聚丙乙烯、水泥基结晶材料等）；②防腐有机涂层（环氧树脂、聚氨酯等）；③PVC/HDPE 等高分子材料内衬；④水泥基型渗透结晶无机涂料，由于添加聚合物成本较高且施工质量较难保证，污水隧道中防腐蚀设计主要以防腐涂层、高分子材料内衬、水泥基型内衬为主。上述方案的特点对比如表 2.3-20 所示。

防腐蚀方案对比 表 2.3-20

项目	有机涂料	PVC/HDPE 材料	水泥基型渗透结晶无机涂料
材料性能	在较短时间内防腐蚀性能优于高分子材料,但涂料与混凝土表面附着力有限,在水流长期冲刷下容易脱落	抗拉抗裂性能优良,可适应结构受力变化,且强度较高。与混凝土结构结合较为紧密,不易开裂	通过渗透作用与混凝土结构成为一体,通过水化作用形成非水溶性晶体结构
结构开裂的结果	延伸率低,容易随着结构开裂同时开裂	延伸率很高,不易随着结构开裂同时开裂	由于与结构成为一个整体,不存在明显的裂缝
施工条件	需要在主体结构完成后进行二次施工	与主体结构施工同步,以预埋的形式完成	需要在主体结构施工完之后进行二次施工
使用寿命	性能随着时间的推移逐渐下降	耐腐蚀和耐久性较强,使用寿命高	渗透到结构内部,与结构成为一个整体,使用寿命较高
经济性	价格较低	价格较高	价格较高

综合以上对比,水泥基型渗透结晶无机涂料在材料性能、施工条件以及使用寿命等环节要优于有机涂料和 PVC/HDPE 材料内衬,而有机涂料在经济性上更具优势,综合考虑,隧道采用水泥基型渗透结晶无机涂料形式进行结构防腐蚀。

4. 耐久性设计

由于深隧结构工程设计使用年限为 100 年,结构设计应具有足够的耐久性。本隧道结构的环境作用等级为 I-C,深隧钢筋混凝土结构应具有整体密实性、防水性、防腐蚀性,使用阶段无渗水裂缝,采取的具体措施有:

(1) 结构混凝土必须达到规定的密实度,二衬采用补偿收缩混凝土,相应保护层厚度及计算裂缝宽度分别见表 2.3-21 和表 2.3-22。

受力钢筋混凝土保护层最小厚度 表 2.3-21

结构类别	地下连续墙		钻孔灌注桩	钢筋混凝土管片	
	外侧	内侧		外侧	内侧
保护层厚度	70mm	70mm	70mm	50mm	50mm

最大计算裂缝宽度允许值 表 2.3-22

结构部位	允许值
钢筋混凝土管片迎水侧	0.2mm
钢筋混凝土管片背水侧	0.2mm

(2) 有腐蚀介质地段应选用耐水或耐腐蚀的低水化热的水泥。

(3) 采用优质合格的钢筋。

(4) 加强使用阶段的监测、保护,定期对结构物保养、维护。

本章参考文献

［1］李尔，曾祥英，邹惠君，等．武汉大东湖污水深隧工程平面竖向及传输方式研究［J］．给水排水，2021，47（1）：139-143.

［2］Ackers P. Sediment aspects of drainage and outfall design［J］. Environmental Hydraulics. Lee & Cheung（eds），1991：19-30.

［3］杜立刚，邹惠君，饶世雄，等．武汉市大东湖核心区污水深隧传输系统工程设计［J］．中国给水排水，2020，36（2）：74-78.

［4］李尔，曾祥英，邹惠君，等．基于数值模拟的武汉大东湖深隧入流竖井选型［J］．中国给水排水，2023（15）：108-114.

3 污水深隧建造关键技术

城市污水深隧工程结构较为特殊，在建造实施过程中，针对超深竖井基坑、小直径盾构隧道、小断面薄壁二衬、长距离大埋深硬岩顶管、深隧功能性验收等所面临的重点难点，开展了一系列技术攻关。在超深竖井基坑支护及开挖、盾构设备针对性设计、盾构始发掘进接收、二衬成套设备研发、小断面二衬施工组织、二衬混凝土运输浇筑、顶管设备研发、顶管掘进控制、深隧功能性验收优化等方面，形成了一套污水深隧建造关键技术。

3.1 竖井施工

相比于常规市政隧道，城市污水深隧埋深较大，相应地其竖井基坑深度也明显增加，常规市政基坑施工技术难以完全适用于城市超深竖井施工。为此，结合城市污水深隧工程竖井基坑的特点，对地下连续墙成槽、环框梁施工、土石方开挖等施工工艺进行了优化改造，形成了适用于城市污水深隧工程竖井基坑施工的创新技术工艺。

3.1.1 硬岩地层超深地下连续墙施工技术

针对超深竖井基坑入岩率高、岩层强度大、地下连续墙等围护结构施工成槽难题，创新了一种组合成槽施工方法。根据地层情况和成槽设备特点，采用旋挖钻引孔，成槽机土层抓槽，冲击钻配合铣槽机在岩层中施工的组合形式进行流水作业，充分发挥各类设备优势，提高机械设备利用率，有效缩短工期、节约施工成本。同时地下连续墙垂直度和墙体完整性均满足设计要求，施工质量良好。

先使用旋挖钻引孔至槽底，以降低成槽机、铣槽机施工难度，在上部软土地层中使用成槽机施工，在下部硬岩地层中采用以铣槽机为主、冲击钻机为辅进行施工，保证成槽质量和施工进度。施工工艺流程如图3.1-1所示。

1. 旋挖钻引孔

依据地下连续墙的幅宽，布设2～4个旋挖孔位，旋挖钻垂直引孔并穿过上软下硬地层至槽底。相较于使用冲击钻进行引孔，旋挖钻引孔可有效降低引孔时出现偏孔、穿孔的概率，效率更高。旋挖钻引孔后可大大降低后续成槽机、铣槽机的施工难度，提高成槽效率。旋挖钻引孔的施工顺序为3-1、3-3、3-2、3-4，如图3.1-2所示。旋挖钻使用合金钻头增强耐磨性，为保证引孔垂直度，安装钻机时，底座要水平，起重滑轮缘、钻头、引孔中心要在同一轴线上，并经常检查校正。如发生斜孔，应该在孔内填充优质的黏土块和石块，并将钻头提升到偏斜处进行反复扫孔，直至钻孔垂直。

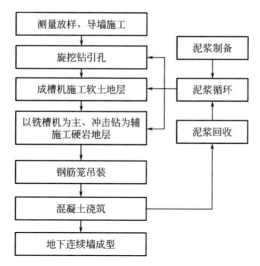

图 3.1-1 地下连续墙组合成槽施工工艺流程

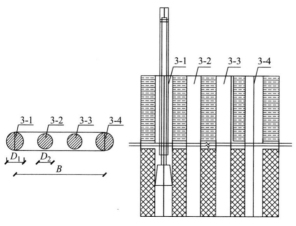

图 3.1-2 旋挖钻引孔示意图

2. 成槽机抓槽

旋挖钻引孔完毕后，使用成槽机施工上部软土地层，施工顺序为 4-1、4-3、4-2，如图 3.1-3 所示。成槽机抓斗两侧各增加 1 排合金斗齿，以增大成槽机液压抓斗咬合力，提高成槽效率。

3. 铣槽机铣槽

成槽机施工完毕后，使用铣槽机、冲击钻施工下部硬岩地层。铣槽机施工 5-1（见图 3.1-4），冲击钻施工 5-3，待 5-1 铣槽完成后，铣槽机依次施工 5-3、5-2。铣槽机、冲击钻在槽孔两侧同时施工，并可利用冲击钻进行修孔、处理绕流混凝土等辅助施工，有效减少下部硬岩地层成槽时间。在铣槽机两侧纠偏导板位置焊接两块钢板（见图 3.1-5），可有效避免铣槽机铣轮与相邻地下连续墙的工字钢进行接触，减少铣轮刀具磨损，降低施工成本。

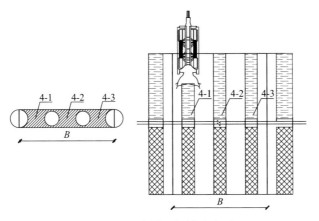

图 3.1-3 成槽机抓槽示意图

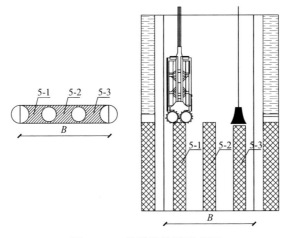

图 3.1-4 铣槽机铣槽示意图

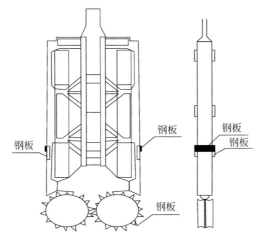

图 3.1-5 铣槽机铣轮合金刀具、加焊钢板示意图

4. 修槽

采用铣槽机进行修槽施工，铣槽机上下往复运动，从一边向另一边依次进行修槽。修槽时要注意控制好上下速度，铣轮间应略有重叠，防止遗漏。

3.1.2 小断面超深竖井环框梁施工技术

随着竖井基坑深度的增加，环框梁层数越来越多，配筋也越来越密集。由于环框梁一侧空间被围护结构占据，钢筋安装及模板搭设施工受到作业空间的限制使工效较低，严重制约竖井基坑的施工进度。因此，创新小断面超深竖井环框梁施工技术，利用 BIM 技术辅助优化环框梁钢筋的安装方式，分块式型钢支架＋可伸缩支撑的支模方法，提高深基坑环框梁施工速度。

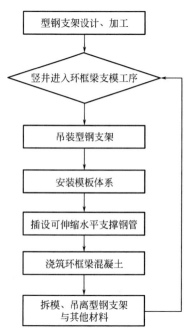

图 3.1-6　环框梁快速支模施工流程

采用 BIM 三维软件对环框梁钢筋形式及安装方法进行模拟，可以避免二维平面想象的盲区，清晰直观地体现安装方法的优缺点，方便技术人员充分了解其设计的施工效果并做出优化。

通过型钢支架配合插设带可伸缩 U 形底托的水平支撑钢管组成模板支撑体系，大大减少了传统施工方法中的焊接、搭接和吊装工作量，安装与拆卸方便，支模速度快；模板支撑体系刚度大，结构整体、局部稳定性均良好，充分利用对撑力，保证了竖井环框梁浇筑过程中模板稳定，施工质量良好；能根据竖井混凝土环框梁支撑体系平面尺寸及形状来确定其结构形式，既可选择整体制作，也可选择分块拼装，各类截面竖井环框梁均能适用，且型钢支架能与多层板、竹胶板、定型钢模等不同系列的模板组合使用，适用性强。支模施工流程如图 3.1-6 所示。

（1）根据竖井环框梁的平面形状、内径尺寸以及环框梁高度尺寸特征，采用槽钢或工字钢的型钢加工单块式或分块式的型钢支架，单块式型钢支架或拼装后的整块式型钢支架的几何尺寸应小于环框梁的内径尺寸 1000～1500mm。

（2）根据模板稳定性验算，在单块式型钢支架或拼装后的整块式型钢支架外边缘按照 500～800mm 的分布间距焊接空心钢管，在型钢支架的顶部焊设钢丝网片。

（3）待竖井环框梁钢筋绑扎完成，进入支模工序后，吊装型钢支架至环框梁的中心位置，当采用分块式型钢支架时，需要分块吊装至竖井内利用插销或螺栓进行拼接组装。

（4）选择尺寸合适的竹胶板与木楞钉接制作成规格相同的木模板，一侧紧贴在环框梁的钢筋保护层垫块处，另一侧安装双拼钢管进行约束。

（5）将水平支撑钢管的空心钢管插入型钢支架外边缘焊接的空心钢管，使可伸缩 U 形底托与双拼钢管扣合连接，调节可伸缩 U 形底托与水平支撑钢管的空心钢管的旋合长度，使模板固定在环框梁上。

（6）在环框梁的木模板与竖井围护结构之间浇筑混凝土。

（7）待环框梁的混凝土达到拆模强度后，依次拆除水平支撑钢管、双拼钢管和木模板，吊出型钢支架。

（8）待超深竖井进入下一层环框梁支模工序时，再次吊装型钢支架下井，进行环框梁快速单侧支模施工。

3.1.3 小断面超深竖井土石方开挖技术

污水传输深隧长距离穿越中心城区，施工竖井选址受限，个别竖井位置紧邻重要建构筑物，无法采用爆破法进行土石方开挖。而高入岩率的超深基坑采用传统机械破除方法进行土石方开挖，工期过长，成本高。因此，在传统机械破除方法的基础上进行创新改进，形成超深岩质基坑引孔式非爆破开挖技术，通过数值分析设计引孔孔位布置、引孔破坏岩体的完整性、提高机械破除效率。相比传统机械开挖方法可明显节省工期，降低施工成本。

在基坑开挖前，依据地层情况、基坑尺寸并结合有限元分析结果进行引孔孔位设计，然后采用大功率旋挖钻引孔破碎岩层整体性，减小后续机械破除难度。主要施工流程如图 3.1-7 所示。

1. 有限元分析

模拟引孔施工对基坑开挖的影响。使用大型岩土类有限元分析软件，根据竖井基坑的地勘报告、设计文件和相关设计规范选取计算参数，按照施工步骤设置不同阶段的计算工况。根据模拟计算结果，优化引孔孔位设计，分析引孔开挖施工对基坑支护结构、周边环境的影响是否在允许范围内。

2. 引孔孔位确定

根据有限元分析结果并结合地层情况及基坑尺寸布设旋挖孔位，孔位在基坑内呈现梅花形布置，使得引孔效果最优化，避免引孔数量过多造成土体扰动或数量过少导致引孔对开挖施工无明显作用。引孔孔位分布如图 3.1-8 所示。

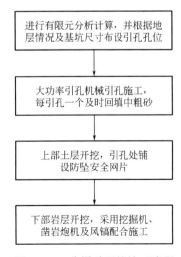

图 3.1-7 非爆破开挖施工流程

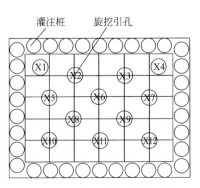

图 3.1-8 旋挖钻引孔点位分布

3. 引孔施工及回填

引孔施工采用大功率旋挖钻进行作业，每引孔完成一个便立即验收，验收合格后及时采用中粗砂对孔位进行回填，确保回填密实。每个孔位回填完成后需做好标记，引孔处铺设防坠安全网片，避免孔位回填不密实造成人员陷落。

4. 土层开挖

土层开挖可采用普通挖掘机，开挖过程中需注意做好基坑及周边环境的监测工作。

5. 岩层开挖

开挖至岩层后，采用挖掘机＋凿岩炮机＋人工配合风镐进行岩层破除。凿岩炮机施工时，以中间孔位的孔身位置作为起始点，向四周扩散进行破碎，为后续挖机开挖创造临空面，减小开挖难度。风镐主要对基坑边角部位进行修整，以保证边线的平顺，避免局部欠挖。开挖层高度较高时，可采用分层开挖，如图 3.1-9 所示，每大层中也可分小层呈阶梯式开挖，方便渣土转运。

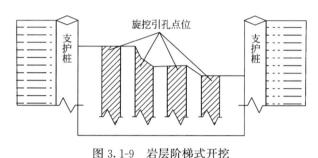

图 3.1-9 岩层阶梯式开挖

3.1.4 超深竖井悬挂式升降设备研发

常规施工升降机由于基站设置在底部，需在竖井基坑施工到底后安装使用，在竖井基坑施工过程中人员依靠步梯上下通行。对于深度不大的基坑，采用步梯上下通行是一种经济合理的选择。但对于超深竖井基坑，随着开挖深度的不断增加，人员上下通行效率明显降低，工人劳动负荷明显增加。因此，研发了超深竖井悬挂式升降设备，将升降机基站悬挂于基坑顶部，从顶部向下延伸安装，导轨架的加节在基坑顶部完成，升降机可随开挖深度同步向下延伸，使作业人员和物资可以直达作业面。

悬挂式升降设备在超深竖井基坑施工中的应用，提高了人员上下通行效率，降低了劳动强度。同时，升降机基站不落地的设计节省了井底空间，为隧道盾构施工井底布置提供了更大空间，提高了隧道盾构施工效率。相比于常规施工升降机，悬挂式升降设备主要在顶部悬挂基站、导轨架悬挂装置、导轨驱动系统、滑动附墙、特殊安全装置等方面进行了创新设计。

1. 顶部悬挂基站

导轨顶部悬挂基站使整个导轨架悬挂于基坑顶部，承受升降机运行的各种荷载（见图 3.1-10）。其设计分为上、下悬挂两部分（见图 3.1-11 和图 3.1-12），上悬挂和导轨架最上端连接，下悬挂和标准节中框连接，当标准节加节时上悬挂拆除，下悬挂作用。同时，原导轨承压体系改为受拉体系，受力结构创新性地采用标准节螺栓和安全拉杆二道传

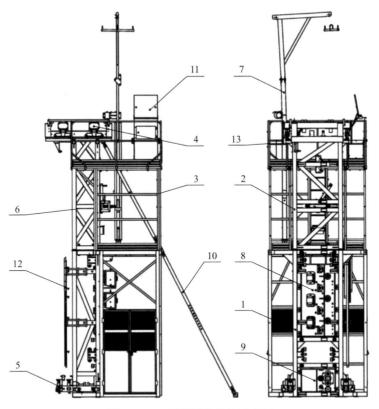

图 3.1-10 顶部悬挂基站示意图

1—主架；2—副架；3—平台；4—上悬挂系统；5—托架系统；6—导轨下行机械锁；
7—吊臂；8—驱动系统；9—基站安全板；10—拉杆；11—操作台；12—限位碰杆

图 3.1-11 上悬挂系统示意图

力路径的冗余设计。

上悬挂系统与标准节上框连接，并与设置于导轨节中的安全拉杆连接。下悬挂系统从框架下部将整个导轨节担起，与基站驱动系统电气联锁，处于锁止状态时，基站驱动系统

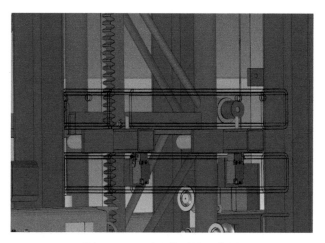

图 3.1-12　下悬挂系统示意图

禁止导轨下行（可点动轨道上移）。

2. 导轨架悬挂装置

导轨架悬挂装置作为导轨架与基站平台受力传递的重要装置，是整个悬挂式施工升降机的关键点之一，关系着整个升降机的安全。同时，因升降机采用顶部加节，悬挂装置必须方便拆装，使整个顶部加节过程更加顺畅。

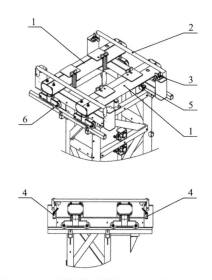

图 3.1-13　易拆装的导轨架悬挂装置示意图
1—横担；2—保护架；3—机械锁；4—横担位置限位；
5—横担受力限位；6—导轨

易拆装的导轨架悬挂装置采用两根横担作为导轨架悬挂的受力承重梁，如图 3.1-13 所示，每根横担下安装两组滑轮支座，作为导轨架悬挂装置的移动装置，支座安放在滑轮轮轨上，其中的高强度弹簧作为悬挂装置移动时导轨梁的支撑装置，轮轨固定在顶部基站平台上。每根横担侧面开有两个固定槽，导轨架拉杆插入固定槽并穿过焊接在导轨梁上的承压钢板后采用拉杆螺母紧固，拉杆侧面安装螺母螺杆套件将横担与导轨架上端横向钢梁紧固连接。螺母螺杆套件和导轨架拉杆作为导轨架与导轨梁的连接装置，实现两道传力冗余设计，将导轨架动荷载和静荷载通过横担和滑动支座分散到悬挂的基站平台上。横担的两端插入两侧的保护架中，并设置限位装置，使横担的移动范围控制在允许的安全范围内。本创新设计既方便了导轨架上端水平的调整，同时也方便了导轨架的上下移动及加节，提高了导轨架的安全性和可操作性。

3. 导轨驱动系统

导轨驱动系统由驱动板、减速电机、背轮和驱动齿轮组成，如图 3.1-14 所示。减速电机采用 3 套诺德减速机，单机功率 3kW，设计导轨向下驱动承载 7t，运行速度控制在

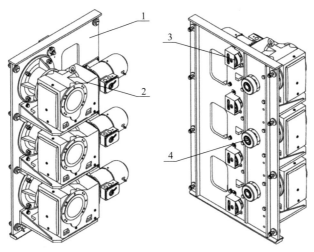

图 3.1-14 导轨驱动系统示意图
1—驱动板；2—减速电机；3—背轮；4—驱动齿轮

6m/min，为导轨架系统工作状态、加节状态及整体下移状态提供动力，实现导轨架承载情况下的上下受控移动。

4. 滑动附墙

因升降机导轨架需随基坑开挖向下延伸，传统附墙无法使用，设计滑动附墙装置，限制导轨架的水平位移，释放其竖向位移，以实现导轨架在顶部加节完成后在整机驱动系统作用下向下延伸。升降机采用双层滑动附墙架（见图 3.1-15），该附墙架设计 4 组导向轮，与安装在基坑环框梁上的预埋件连接，附墙竖向间距控制在 3.5～4.4m。

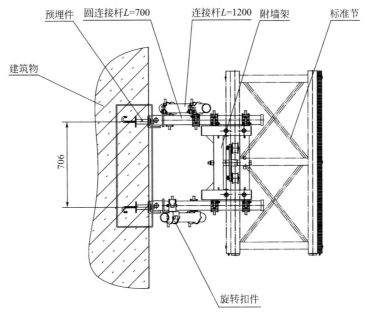

图 3.1-15 双层滑动附墙示意图

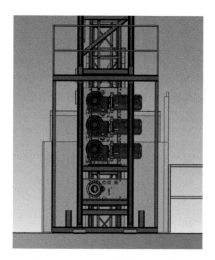

图 3.1-16 防坠安全器示意图

5. 特殊安全装置

因悬挂式施工升降机受力和使用的特殊性，其对安全系数的要求较高，需全方位考虑各种安全装置的设置。

（1）离心限速装置：在吊笼每套减速电机上安装离心限速装置，防止电机制动和安全器失效后吊笼失控坠落。

（2）限位及防脱轨装置：新增吊笼防冲顶限位、防墩底限位、防脱轨装置。

（3）导轨架防坠安全器：升降机在吊笼和基站上都设有防坠安全器，如图 3.1-16 所示，吊笼上的安全器安装在吊笼安全板上，用于防止吊笼超速坠落；基站上的安全器安装在基站安全板上，用于防止导轨架超速下坠。

（4）导轨架限位：在悬挂系统上设置下悬挂限位，限位控制导轨架和吊笼不同时运行；在基站顶部设置防脱轨限位，当导轨架向下运行超过基站顶部安全行程时，限位脱离齿条发生动作，禁止导轨架运行，如图 3.1-17 所示。

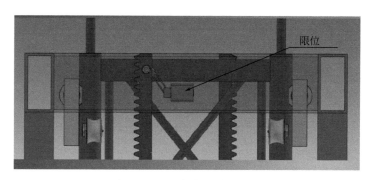

图 3.1-17 导轨架限位示意图

（5）吊笼托架：基站上设置吊笼托架（见图 3.1-18），在导轨加节操作前，将吊笼停放至基站位置，伸出吊笼托架托住吊笼，减轻驱动及防坠安全器的负载，大大提高加节过程的防坠安全系数。同时，打开吊笼的刹车，加节时导轨架向下移动，吊笼可以在导轨架上滑动而不随导轨架向下移动，吊笼荷载仍由吊笼承担。

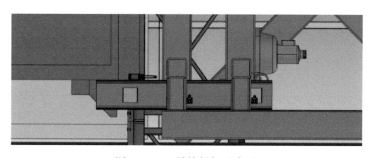

图 3.1-18 吊笼托架示意图

（6）防松动安全拉杆：在导轨架悬挂装置中作为两道传力系统之一的安全拉杆安装于标准节立杆内部，如图 3.1-19 所示，拉杆之间通过高强螺纹套筒连接，顶部拉杆通过高强螺栓与悬挂系统连接。

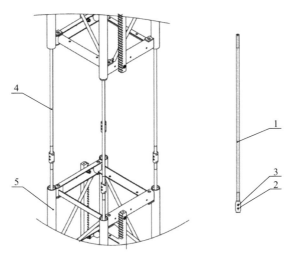

图 3.1-19　安全拉杆示意图
1—拉杆；2—连接套筒；3—弹簧销；4—安全拉杆；5—标准节

（7）吊笼防倾覆底座：悬挂式升降机导轨架底部处于悬空状态，吊笼下降过程中若发生墩底，易产生倾覆现象，有坠落风险。设计吊笼防倾覆底座（见图 3.1-20）可以解决此问题。

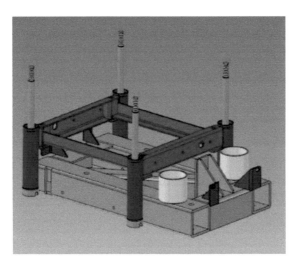

图 3.1-20　防倾覆底座示意图

吊笼防倾覆底座设置于导轨架底部，从导轨架上延伸出两根框架梁设置成悬挑平台，平台上设置一个插头、两个限位卡、两个圆筒。插头与吊笼底部的 U 形槽相匹配，当吊笼下移到底时 U 形槽与下部支撑架上的插头包络在一起，与限位卡一起相互作用限制吊笼的水平位移及转角。两个圆筒与设置于吊笼底部的两个弹簧阻尼器相匹配，当吊笼下移到底时，弹簧阻尼器受到冲击，在圆筒的限制下避免阻尼器发生过大的侧向位移造成破坏。U形槽与插头背部保持 5～10mm 的间隙，以避免两者之间的磨损；与顶部保持 2～3cm 的间隙，确保阻尼弹簧在受到冲击荷载时起到缓冲、减震效果。两者之间的立面搭接长度不小于 8cm，以确保防倾覆的效果。本设计可在吊笼发生墩底时，起到良好的缓降、减震、限位的作用，避免倾覆，保证结构的安全。

3.2 盾构施工

城市污水深隧盾构施工与城市地铁盾构施工相似，但城市污水深隧的埋深大、直径小、区间长，常规盾构施工技术难以完全满足污水深隧的施工需要。针对城市污水深隧盾构施工的特殊要求，对现有盾构装备和施工技术进行了改进，形成包含了盾构设备针对性设计以及盾构始发、掘进、接收施工全过程的长距离大埋深小直径盾构施工技术，经实践检验应用效果良好。

3.2.1 长距离大埋深小直径盾构设备针对性设计

盾构机是深隧盾构施工的核心设备，在很大程度上决定了施工的成败。由于深隧工程的特殊性，常规盾构设备难以满足施工要求，故结合污水深隧转弯半径小、穿越地层复杂、地下水丰富、单次掘进距离长等特点，对盾构设备进行了针对性的优化设计。

3.2.1.1 小转弯半径盾体设计

项目隧道转弯半径最小仅 250m，需要对盾构壳体及相应装置进行特殊设计以满足盾构掘进过程中的小直径转弯需要。设计具体包括以下几个方面。

1. 盾体方案设计

盾体根据复合地层工况设计，盾体设计为梭形，即前盾直径＞中盾直径＞尾盾直径。盾体包括四个主要组件：前盾、中盾前部、中盾后部、盾尾。前盾由壳体、隔板、主驱动连接座、螺旋输送机连接座、连接法兰等焊接而成。中盾前部由法兰壳体、铰接环和铰接底座焊接而成。中盾后部由隔板、盾壳、球形铰接和铰接底座组成。尾盾由连接法兰、壳体、盾尾刷、注浆管和油脂管组成。其中中盾前部和中盾后部铰接位置采用球形铰接设计，以适应主机小转弯的需求。盾体结构设计如图 3.2-1 所示。

2. 盾体球形铰接及密封设计

按照常规的铰接设计思路，小曲率隧道施工时，铰接机构会发生干涉，铰接密封的压缩和释放量差异很大，无法满足密封保压的基本要求，因此采用球形铰接机构结合组合型铰接密封的整体解决方案，不仅能够起到密封作用，还能够对球形铰接面进行清洁，保持密封结合面的洁净，密封的使用磨损较小，提高了密封的使用寿命。球形铰接结构如图 3.2-2 所示。

3.2.1.2 动态平衡密封系统设计

城市污水深隧埋深大、水压高，需要一套可靠的密封系统，防止高压地下水和泥沙进入盾构机的驱动箱体，破坏主轴承等核心部件。常规的密封方案抗压能力弱，仅适用于浅

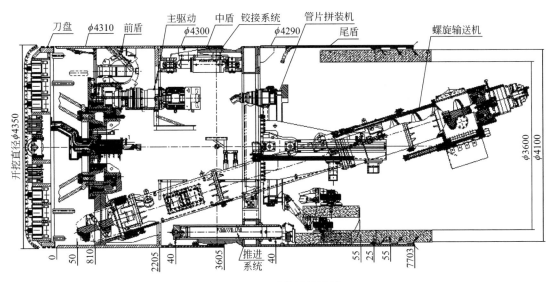

图 3.2-1 盾体结构设计

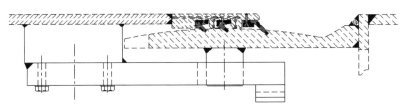

图 3.2-2 球形铰接结构

埋隧道。采用 1 道迷宫密封 + 4 道唇形密封的新型方案，密封系统的耐压能力可以通过油压伺服系统进行动态调整，抗压能力显著提高。

3.2.1.3 盾构机防喷涌设计

在破碎岩层中掘进土压平衡盾构机螺旋机喷涌频繁，喷涌水量大，小盾构机清理困难，给盾构掘进工效、安全文明施工带来了严重的不利影响。为此改进了盾构机防喷涌设计，一是研发了一种减弱盾构螺旋机喷涌的装置，该装置设置于螺旋机尾部用于有组织地预排水；二是在土仓壁阀门处外接放水泄压管，将土仓中的水提前排入盾尾，降低土仓内水压；三是研发一种卷扬式自动关合盾构螺旋机闸门，实现紧急情况下螺旋机闸门的远程电动关合，同时可避免闸门在打开状态下渣土进入闸门轨道，导致紧急情况下闸门无法关闭。

3.2.1.4 刀具磨损带压实时检测技术

针对大埋深环境下掘进时土仓内水土压力大、检查刀具风险极高的问题，利用电涡流原理，研发了埋入式检测装置，开发了同时传输水、液压油与多路采集信号的回转接头，实现滚刀磨损在线实时监测功能。

3.2.2 小断面深基坑盾构双向分体始发技术

始发是盾构施工的关键工序之一，亦是盾构施工的难点与风险点所在。受始发环境限制，不少盾构工程工作井无法满足盾构整编长度始发需求，需采用分体始发技术。与盾构整机始发相比，分体始发技术具有节约始发井空间、盾构相关配套资源，降低工程总造价的优点，但也存在对现场施工组织要求高，始发效率低等缺点。目前分体始发技术在国内外已有了比较成熟的研究，但是狭小竖井小盾构双向分体始发技术的相关研究与参考案例还比较罕见，为此进行了深入研究，为工程的高效顺利实施提供技术指导。

主隧 9 个区间共投入 7 台土压平衡盾构机进行施工，均需进行分体始发。3 号、6 号、8 号竖井为双向始发井，竖井尺寸仅为 49m×11m，受环框梁及支撑影响，利用空间十分有限，盾构机主机长度约为 9.9m，由于隧道断面小，共设置 18 节后配套台车，整机长度约 128m。

为了保证施工安全，避免盾构长时间停机，提高盾构分体始发掘进效率，节约总体工期，根据竖井尺寸、后配套功能、长度，并按照及时实现同步注浆功能、尽早实现满编组掘进、第二台盾构机尽早插入始发及双编组掘进的原则，将两台盾构机双向分体始发划分为七个阶段，如图 3.2-3 所示。

1. 第一阶段：1 号盾构下井组装始发

（1）依据现场总平面布置，安装井上台车与井下台车连接所需的分体始发管路。为方便双向分体始发，避免管路重复布置，管路宜布置在竖井中部靠边位置，并通过管夹固定在竖井内支撑上，同时布置搅拌站、冷却水塔等盾构配套功能设施。分体始发管路竖直段宜选用钢管，通过管卡与固定在竖井圈梁上的槽钢连接固定（见图 3.2-4），水平及转弯段宜选用软管，软管及电缆通过绑扎带绑扎在管卡上，井底软管通过吊带与轮滑连接挂在滑槽管线支架上，方便移动，提高效率。

（2）采用龙门式起重机将始发托架吊装下井安装定位，待 1 号盾构机进场后，采用龙门式起重机将液压泵站、油脂系统台车（对应流程图中 6 号、7 号、8 号台车）吊装下井存放在一侧，避免存放在地面导致无法回油或增加中继泵站，然后采用吊车将螺旋机、中盾、前盾、刀盘、尾盾、反力架按顺序吊装下井，最后将盾体控制柜及主控室台车（对应流程图中 1 号、2 号台车）、连接桥吊装下井与盾体连接，剩余其他台车进场卸车按顺序摆放在地面并做好防护措施，通过布置好的分体始发管路与井下台车进行连接调试，如图 3.2-5 所示。

（3）完成其他准备工作后，进行调试验收。

2. 第二阶段：1 号盾构机掘进至 13m

待 1 号盾构机掘进至 13m，此时主机全部进入洞门（见图 3.2-6），采用龙门式起重机将摆放在地面上的 1 号盾构机同步注浆系统台车（对应流程图中 3 号、4 号、5 号台车）吊装下井进行连接，始发掘进实现同步注浆功能。此时，盾构机在 2 号台车设置出土口，出土采用 1×机头＋1×管片车＋1×小斗的编组列车进行出渣。

3. 第三阶段：1 号盾构机掘进至 64m

待 1 号盾构机掘进至 64m，采用龙门式起重机将一侧存放的液压泵站、油脂系统台车（对应流程图中 6 号、7 号、8 号台车）移至同步注浆系统台车正后方连接。然后调整出土口位置，将出土口从 2 号台车移至 8 号台车，出土采用 1×机头＋4×渣土车＋1×砂浆车＋2×管片车的编组列车进行出渣（见图 3.2-7）。此时实现单列满编组运输，即电瓶车一次可运输 1 环管片＋1 环同步注浆浆液＋1 环渣土。洞内分体管路通过分体管路小车自动拖拽，减少管线拖拽时间，提高施工效率。

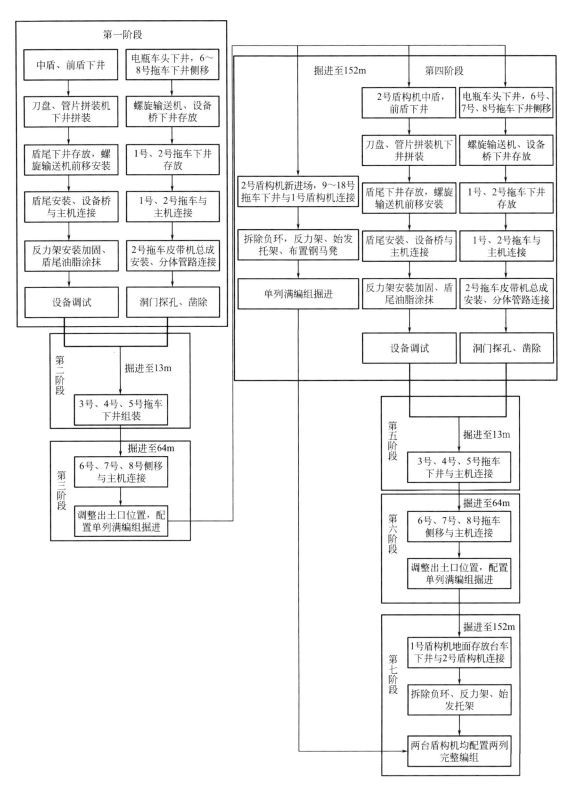

图 3.2-3 双向分体始发工艺流程

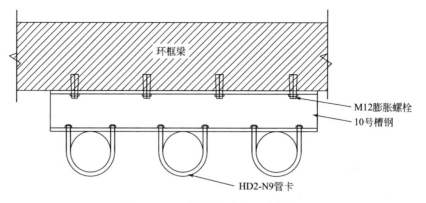

图 3.2-4　环框梁管线布置示意图

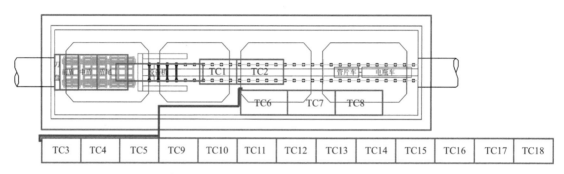

图 3.2-5　1 号盾构机始发组装平面布置示意图

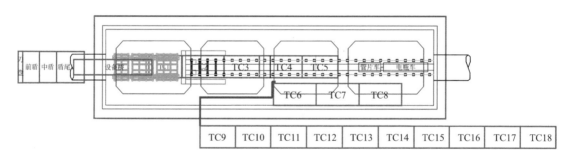

图 3.2-6　1 号盾构机始发掘进至 13m 平面布置示意图

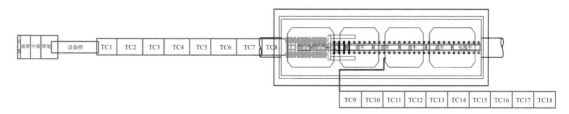

图 3.2-7　1 号盾构机始发掘进至 64m 平面布置示意图

4. 第四阶段：1号盾构机掘进至152m与2号盾构机始发

（1）1号盾构机掘进至152m，拆除与地面台车连接管路，进场2号盾构机的9~18号台车。直接将2号盾构机台车吊装下井与1号盾构机连接调试，避免后配套台车重复吊装及布置，节约时间，提高效率。

（2）拆除1号盾构机负环、反力架、始发托架，并将反力架、始发托架用于2号盾构机，同步在洞口铺设不对称双开道岔，将1号盾构机电瓶车轨道偏移至一侧，出土采用1×机头＋4×渣土车＋1×砂浆车＋2×管片车。确保2号盾构机始发阶段，1号盾构机单列满编组正常掘进。

（3）2号盾构机剩余部件进场，将液压泵站、油脂系统台车（对应流程图中6号、7号、8号台车）吊装下井存放在一侧，避免存放在地面导致无法回油或增加中继泵站。然后采用吊车将螺旋机、中盾、前盾、单盘、尾盾按顺序吊装下井，最后采用龙门式起重机将盾体控制柜及主控室台车（对应流程图中1号、2号台车）、连接桥吊装下井与盾体连接，连接1号盾构机布置好的分体始发管路接口，与存放在地面的台车进行调试，避免管路重复布设，提高效率。

（4）2号盾构机调试验收完成进行始发掘进（见图3.2-8），1号盾构机保持单列满编组正常掘进。

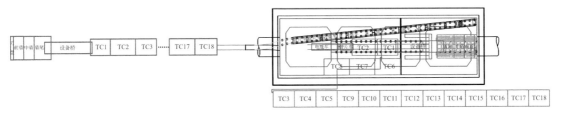

图 3.2-8　2号盾构机始发组装平面布置示意图

5. 第五阶段：2号盾构机掘进至13m

2号盾构机掘进至13m，采用龙门式起重机将摆放在地面上的2号盾构机同步注浆系统台车（对应流程图中3号、4号、5号台车）吊装下井进行连接，保证同步注浆功能进行掘进（见图3.2-9）。在2号盾构机2号台车上设置出土口，出土采用1×机头＋1×管片车＋1×小斗出渣。1号盾构机保持单列满编组正常掘进。

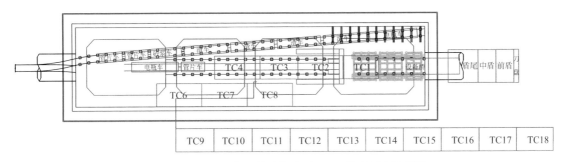

图 3.2-9　2号盾构机始发掘进至13m平面布置示意图

6. 第六阶段：2 号盾构机掘进至 64m

2 号盾构机掘进至 64m，采用龙门式起重机将一侧存放的液压泵站、油脂系统台车移至同步注浆系统台车正后方连接并调整出土口位置至 8 号台车，保证 2 号盾构机完成单列满编组（1×机头＋4×渣土车＋1×砂浆车＋2×管片车）掘进出渣（见图 3.2-10）。1 号盾构机保持单列满编组正常掘进。

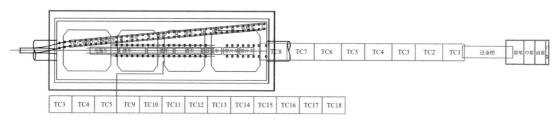

图 3.2-10　2 号盾构机始发掘进至 64m 平面布置示意图

7. 第七阶段：完成双向分体始发

（1）2 号盾构机掘进至 152m，采用龙门式起重机将摆放在地面的后配套台车吊装下井进行连接。

（2）拆除 2 号盾构机负环、反力架、始发托架，同步在洞内铺设不对称双开道岔，设两组轨道（见图 3.2-11），布置在 1 号盾构机电瓶车轨道对侧，同时安装 1 号盾构机另一组电瓶车轨道，两台盾构机均采用双列满编组运输，完成双向分体始发。

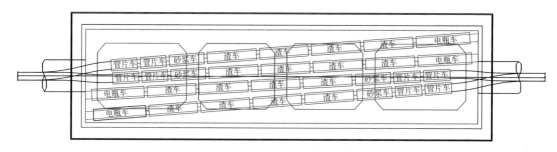

图 3.2-11　双向分体始发完成后竖井底部轨道设置示意图

3.2.3　复杂地层小直径盾构掘进施工技术

主隧竖井断面小、间距远导致盾构隧道面临定向变短、区间长等影响测量精度的不利因素，传统测量方法难以满足精度要求，因此研究了一套系统的测量方法提高测量精度。另外，主隧盾构施工穿越地层复杂多变，为保证安全高效掘进，对长距离穿越富水砾卵石层及水下岩溶区处理等施工重难点进行了专项研究。

3.2.3.1　短定向边长距离小直径盾构施工测量技术

1. 隧道贯通误差分析

根据《工程测量标准》GB 50026，竖井联系测量影响横向贯通误差的限值为 25mm，按照最长区间 3.6km 隧道推算，联系测量的方位角误差需小于 1.4″，然而竖井长度只有 49m，传统联系测量难以达到此种精度，需要采取其他提升精度的方法。为保证隧道顺利贯通，主要采用激光投点和钢丝协同联系测量、虚拟双导线法测量等高精度测量方法的组合方法。

2. 激光投点和钢丝协同联系测量

为提升平面联系测量的可靠度，采用激光投点和钢丝协同联系测量来相互校核，有效提高短定向边的投点精度（见图 3.2-12）。采用激光投点与钢丝联系测量进行协同测量，利用激光投点仪竖井投点的高精度特性，克服竖井悬挂钢丝烦琐、投点精度受竖井气流影响的不利因素；两种联系测量方法数据相互对照校核，二者成果差值在误差允许范围内时取其平均值作为联系测量的最终成果，有效地提高了地下始发边的坐标及方位角精度。

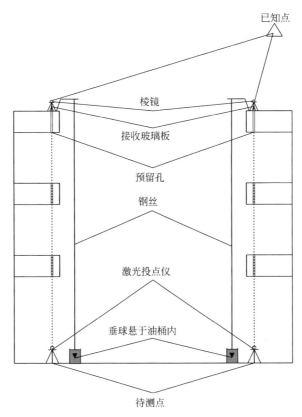

图 3.2-12 协同联系测量示意图

3. 虚拟双导线法地下平面控制测量

地下洞内平面控制测量采用虚拟双导线法进行测量确保测量精度。虚拟双导线法测量是针对传统闭合导线的改进。对于小直径隧道来说，将隧道内控制边布设成控制网的形式非常难以实现。虚拟双导线就是同一个控制点通过两组不重合的测量值形成的虚拟闭合导线，即传统双导线一种点位重合的特殊情况，最后将两组测量值形成的闭合导线平差，坐标成果取平均值将其合二为一（见图 3.2-13）。理论上，虚拟双导线与传统双导线精度相当，优势在于减少了布点数量和布点难度，非常适合此种小直径隧道的地下控制测量。

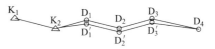

图 3.2-13 虚拟双导线原理

3.2.3.2 盾构穿越长距离富水砾卵石层控制技术

土压平衡盾构机在富水砾卵石层中掘进时，受高承压水头、砾卵石层石英含量高、易受扰动等因素影响，盾构施工过程中易面临螺旋输送机频繁喷涌、刀盘刀具磨损严重、刀盘卡死、地面沉降等问题。通过掘进参数及姿态控制、渣土改良、注浆控制等措施，实现长距离富水砾卵石层掘进安全高效运行。

1. 掘进参数及姿态控制

（1）盾构在砾卵石层中应保障连续掘进，减少盾构机停顿时间，避免停机造成复推后喷涌及地表沉降增加。

（2）盾构采取保压模式掘进，利用气压辅助土压平衡，在土仓内保留 1/3～1/2 仓位的渣土，可在保证土体稳定的前提下实现快速掘进，盾构掘进速度控制在 45～60mm/min。

（3）盾构掘进过程中主要是做好土仓压力计算，按照土体埋深考虑静水压力以及适当的土体压力，以土压平衡状态下的土仓压力计算值为盾构掘进施工的土压设定值，根据出渣量进行微调，调整量为 0.2bar。

（4）增大砾卵石层中掘进的贯入度，通过减少刀盘转动圈数，降低刀具磨损。贯入度设置为 40mm/r。

（5）出渣量采取重量与方量双控的原则进行控制，避免超挖，当出渣量过小时，在下一环适当减少土仓压力；当出渣量过大时，应加大土仓压力，并在盾尾通过该区域时增大同步注浆量，同时关注地表沉降，如果沉降预警，则继续加大土仓压力，直到地表沉降控制在允许范围内。

2. 渣土改良

为进行有效渣土改良，应充分分析砾卵石层的渗透系数，可综合使用泡沫、膨润土及高分子聚合物。其中泡沫具有润滑冷却和减摩的作用，可有效降低刀盘扭矩，减少刀具的磨损，稳定土压及提高出土效率，为主要使用的改良剂。经试验，本地层中泡沫浓度控制在 2.5%，发泡倍率设置在 10～12，流量控制在 220～250L/min。

膨润土形成低渗透性的泥膜，有利于给工作面传递密封土仓压力，提高密封渣土的和易性，减少喷涌的发生，在喷涌较频繁区段需搭配使用膨润土。若在掘进过程中发生严重喷涌，应立即采用高吸水性树脂类聚合物迅速吸收土层中的水分，以稳定掌子面。

3. 注浆控制

砾卵石层为含水层，孔隙比大，易受施工扰动，造成地表沉降。在施工时应保证同步注浆量，并及时进行二次注浆，避免发生较大的地面沉降。

（1）同步注浆：从隧道顶部两侧注浆，注浆量主要取决于管片与土体之间的空隙体积，砾卵石层中注浆量按 2.0 倍扩散系数进行控制，浆液初凝时间控制在 3～4h，配比如表 3.2-1 所示。

同步注浆材料配合比表   表 3.2-1

名称	水泥	砂	粉煤灰	膨润土	水
含量/kg	200	600	500	100	450

（2）二次注浆

二次注浆采用双液速凝浆液，初凝时间 1min 左右。双液浆采用水泥浆：水玻璃＝
1：1（体积比）的混合浆液，注浆压力为 0.5～1MPa。

3.2.3.3　盾构穿越长距离水下岩溶区处理技术

盾构穿越长距离水下岩溶区采用"钢板桩围堰填筑堰心土＋堰顶处理"的处理方法，
沿隧道轴线岩溶处理范围打设钢板桩围堰，回填堰心土，作为岩溶勘察、加固处理作业平
台。钢围堰作业平台，受力合理稳定可靠；钢板桩插入不透水层且捻缝到位，有效隔绝湖
体水系，若盾构施工造成沉降，无湖水灌入隧道风险，避免水上封孔处理不当形成水系渗
流通道，同时可有效避免施工污水外溢至湖体，污染湖体；在适当位置架设钢栈桥，保持
围堰两侧水系连通与水压平衡，保障安全环保。

1. 钢围堰处理平台设计

钢围堰处理平台设计需满足岩溶专项勘察及岩溶处理施工宽度需要，且满足施工防汛
要求。岩溶处理范围为隧道结构轮廓线外 3m，结构外径为 4.3m，考虑施工机械作业空间
的需要，岩溶处理便道沿隧道中心线两侧各 7.5m 修筑，便道土体宽 15m，采用填筑法施
工。围堰为双边钢板桩围堰（见图 3.2-14），钢板桩围堰外轮廓线之间的距离为 15.68m，
堰芯采用黏性土及级配碎石填筑，钢板桩顶标高需高于湖体控制最高水位 1m 以上，围堰
堰芯填筑标高低于钢板桩顶标高 0.5m。钢板桩设计深度宜插入湖底不透水层，且满足受
力要求。钢板桩顶部设置拉杆，拉杆采用钢筋，背楞采用槽钢，设置于钢板桩顶以下 2m
位置。

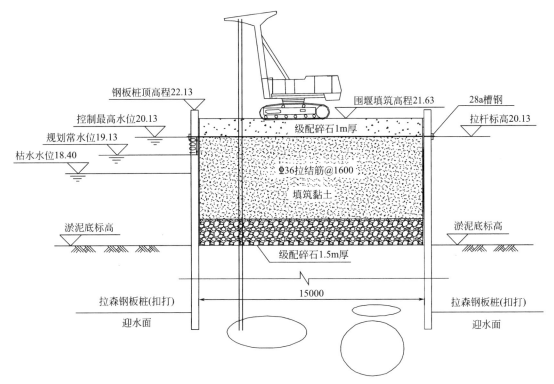

图 3.2-14　钢板桩围堰断面图

2. 岩溶注浆处理

（1）加固注浆方法选择

岩溶加固处理方法主要根据溶洞的类别进行选择，如表 3.2-2 所示。

岩溶加固处理方法分类表

表 3.2-2

序号	溶洞类别	加固方法	材料
1	高度大于1m且无填充和半填充溶洞	间歇式静压灌浆	纯水泥浆、速凝剂
2	全填充溶洞	静压灌浆	纯水泥浆
3	高度不大于1m溶洞		
4	高度大于5m溶洞	召开专题会议讨论	—
5	灌浆量大于75m³溶洞	召集各方现场协商处理	—

（2）试验性注浆

正式注浆施工前，需在合适的孔位进行验证性生产试验，通过生产性试验论证岩溶处理施工工艺，确定水泥浆配合比以及相应注浆压力等灌浆参数，将生产性试验成果报监理、设计审批通过后进行正式注浆。

（3）注浆加固

通过生产性试验确定注浆水灰比以及注浆压力，在钻孔揭示溶洞附近的注浆孔开始注浆加固，达到注浆结束标准以后停止注浆。随后在该注浆孔附近岩溶发育异常区范围内按照设计要求布设探边孔，通过探边孔检测溶洞边界以及上述注浆孔加固效果，若探边孔位于溶洞范围内且加固效果不佳，则利用该探边孔进行补充注浆加固，同时根据注浆效果适当调整注浆压力以及水灰比等参数，提高加固质量以及工效；若探边孔位于溶洞范围内且加固效果较好，则继续进行探边孔布设与加固效果检测；若该探边孔位于溶洞边界外且注浆加固效果一般，待后续进行加固质量效果检测；若该探边孔位于溶洞边界外且注浆加固效果较好，则停止该方向的探边，进行下一步岩溶加固。

3. 施工监测

围堰施工过程中以及施工完成以后均要进行监测。围堰工程监控量测的项目主要有：水位观测、拉杆钢筋内力监测、围堰结构变形监测（围堰内土方沉降、钢板桩桩顶沉降及钢板桩水平位移监测）等，前期监测频率1次/d，不同阶段适当调整，预警值需满足规范要求。

3.2.4 高承压水头富水砂层盾构水下接收技术

为保证盾构接收的安全，结合实际施工条件对传统盾构水下接收方法进行了改进，主要分为接收井端头预留注浆孔施工、井底砂浆接收基座施工、洞门砂浆挡墙施工、井内注水、盾构接收掘进、洞门注浆封堵、砂浆挡墙凿除、洞门钢板密封、砂浆基座凿除等各个工序。施工工艺流程如图 3.2-15 所示。

3.2.4.1 接收井端头准备

接收井端头在已加固的基础上，在地表钻设预留注浆孔，其中隧道轴线方向加固体尾部 4 个，洞门范围 4 个，钻至管片上方 1.5m，钻设完成后安放 $\phi48mm$ 袖阀注浆管，如图 3.2-16 所示。

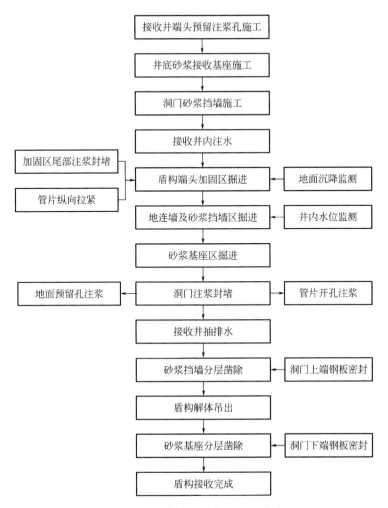

图 3.2-15 盾构水下接收施工工艺流程

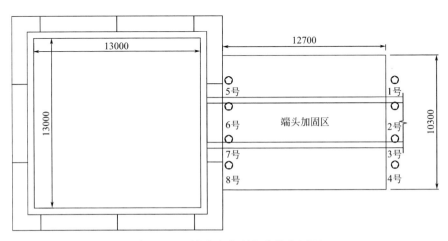

图 3.2-16 端头注浆预留孔位布置图

端头加固区地表预留注浆孔基于两方面考虑，一方面，盾构切削掘进至加固体内部后，加固体内外渗水通道被打开，待盾尾完全进入加固体后且未开始切削地连墙前，需注浆封堵加固体尾部渗漏通道。另一方面，高承压水头条件下，洞门封堵困难，在盾构接收掘进完成后，利用地面注浆封堵配合洞内开孔注浆，快速有效进行洞门封堵；同时可用于发生洞门涌砂时的应急注浆封堵。

3.2.4.2 接收井内准备

1. 盾构接收基座施工

考虑本次水下接收在端头高承压水头条件下进行，在使用常规钢制托架进行接收时，其一，盾构出洞后的掘进过程前方无法提供反力，管片无法保证充分顶紧，管片接缝渗漏风险较大；其二，在注水高度大的水下接收环境中，常规钢托架对盾构接收掘进的控制精度要求较高，结合实际施工要求选用 M10 水泥砂浆基座替代常规钢制托架。

2. 洞门砂浆挡墙施工

洞门处保留预埋钢环用于后期分块钢板封堵止水，其上不再设置橡胶帘布，取而代之的是在洞门位置设置一道砂浆挡墙。墙身厚度 2.4m（2 环管片宽度），高度至洞门上层环框梁底，宽度与接收井宽度一致。砂浆基座及洞门砂浆挡墙布置和现场实施情况如图 3.2-17和图 3.2-18 所示。

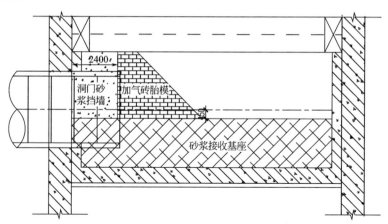

图 3.2-17 砂浆基座及洞门砂浆挡墙布置图

图 3.2-18 砂浆基座及洞门砂浆挡墙

3. 接收井内注水

在砂浆基座及洞门砂浆挡墙施工完成后，盾构机破除围护结构地下连续墙之前，在接收井内注水，以平衡接收阶段的内外水压。注水深度高于降水后的观测井水位 2m，接收井内注水后现场情况如图 3.2-19 所示。

图 3.2-19　接收井内注水后实物图

4. 应急准备

施工中要严格进行沉降及水位动态监测，且应在地表提前准备多台大功率水泵接入市政供水管网，随时准备水位上涨速度异常时取水回灌应急处置；提前准备应急注浆机，足量砂、聚氨酯、水泥、水玻璃等材料，随时准备进行端头沉降数据异常时注浆加固封堵应急处置，必要时在接收井内灌砂回填；在隧道内提前准备多台应急注浆机，足量聚氨酯、水泥、水玻璃、棉纱等材料，随时准备进行管片渗漏应急处置。

3.2.4.3　水下接收控制措施

1. 盾构掘进施工控制

（1）端头加固区掘进

盾构机在该范围掘进时，遵循"低推力，低刀盘转速，减小扰动"的原则进行控制，推力控制在 5000kN 以内，刀盘转速控制在 1r/min 以内，掘进速度控制在 10～20mm/min，保证盾构推进不对接收井端墙造成影响。

盾尾完全进入加固区约 1m 后，通过地面预留的加固体外 1～4 号孔注双液浆，将盾尾管片与加固体之间的空隙填充密实，防止形成水流通道。注浆前先通过盾尾注入聚氨酯，规避双液浆包裹盾尾风险。注浆材料采用水泥-水玻璃双液浆，水泥浆水灰比为 1∶1，水泥浆与水玻璃体积比为 1∶1。

为避免盾构出洞后管片纵向松弛，造成隧道渗漏风险，采用 [14b 槽钢及扁钢提前制作管片拉紧装置，纵向锁紧出洞 15 环管片，并进行管片螺栓复紧不少于 3 次，保证管片无渗漏，如图 3.2-20 所示。

（2）地连墙及洞门砂浆挡墙区掘进

盾构刀盘抵达竖井围护结构地下连续墙后，在切削地连墙及洞门砂浆挡墙的过程中，盾构机应遵循"低推力，低扭矩，低穿透力"的原则，提前降低盾构机推力、推进速度和

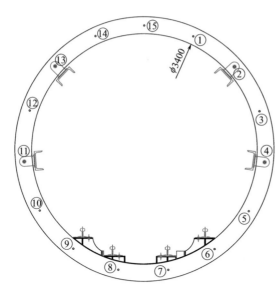

图 3.2-20　管片拉紧装置及点位示意图

刀盘转速，规避其变形甚至破坏风险。

（3）砂浆基座区掘进

盾构机在砂浆基座区采取封闭掘进模式，关闭螺旋输送机，防止喷涌。同时严格控制千斤顶的压力分布，根据盾构机姿态动态调整各组千斤顶的压力，保证盾构机不出现"上漂"。

2. 洞门注浆封堵

盾构机推进至盾尾脱出砂浆挡墙后，停止掘进，然后进行洞门注浆封堵。洞门封堵注浆分为洞内管片开孔注浆和地面预留孔注浆。管片开孔注浆封堵首先对洞门范围到砂浆挡墙端部的 5 环管片进行，单环注浆由下往上进行，保证浆液填充密实。同时开启地面洞门范围 5～8 号预留孔注浆。

3. 地表沉降及井内水位监测

盾构水下接收全过程做好端头地表沉降及井内水位监测。尤其是盾构开始磨墙后到洞门注浆封堵完成，要严格进行动态监测。以扣除盾构排水体积后的水位变化可计算涌入竖井内的水、砂总量，结合端头地表沉降观测，可判断是否有大量泥沙进入井内，进而及时采取相应应急措施。

4. 接收井抽排水

在确定洞门注浆封堵效果后，开始进行井内抽排水，抽排水缓慢进行，边抽排边观察。液面每下降 3m 暂停抽排，观察 1～2h，如液面未发生上涨，同时观察洞门处管片顶部注浆球阀开启状态无水流出，则继续抽排；如有异常情况，应停止抽排，继续进行洞门注浆，必要时应取水回灌，再次确认注浆效果后继续抽排水。反复以上过程直至抽水完成，盾构水下接收效果如图 3.2-21 所示。

图 3.2-21　盾构水下接收

3.2.4.4 接收后续措施

在后期洞门永久钢筋混凝土环梁施作完成前，洞门在高承压水头作用下仍存在二次渗漏风险。本工程采用分块钢板在砂浆挡墙、砂浆基座分层凿除时进行洞门临时密封，采用随破随封形式，规避洞门二次渗漏风险。

1. 砂浆挡墙凿除与洞门上端钢板密封

排水完成后，再次确认洞门注浆封堵效果，而后立即组织进行洞门砂浆挡墙的破除作业。破除完成后立即进行钢板封堵，封堵完成后再破除该层剩余部分。封堵采用圆心角为20°的分块环形钢板，一端与洞门钢环焊接，另一端与管片外表面钢板焊接，管片外表面钢板与管片表面采用 M16 膨胀螺栓固定，弧形钢板与管片接触面提前塞垫一层棉布保证接触面连接紧密无缝隙。

2. 砂浆基座凿除与洞门下端钢板密封

砂浆挡墙凿除完成后进行盾构吊拆，而后分层凿除砂浆基座（见图 3.2-22），同上述要求进行钢板密封（见图 3.2-23）。第 6 层凿除及分块钢板封堵完成后，需拆除砂浆挡墙范围拼装的第 1、2 环管片，然后依次进行第 7~9 层砂浆基座破除与分块钢板封堵。

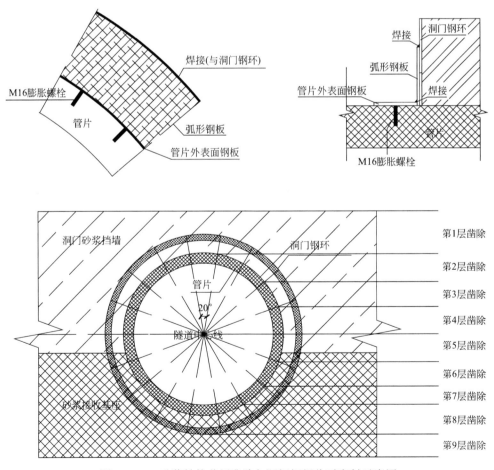

图 3.2-22 砂浆结构分层凿除与洞门钢板临时密封示意图

图 3.2-23　洞门钢板密封实物图

3.3　二衬施工

深隧结构设计为 250mm 厚盾构管片＋200mm 厚现浇钢筋混凝土二衬组成的叠合式衬砌。隧道盾构施工完成后在隧道内施工二次衬砌。基于成型盾构隧道断面小、区间长、埋深大的特点，隧道二衬施工面临诸多问题：一是施工环境特殊，常规施工装备无法使用；二是施工作业面狭小，材料运输与堆放、钢筋绑扎、混凝土浇筑等工序易产生交叉，施工组织十分复杂；三是混凝土输送距离长，混凝土长距离泵送后性能损失大，易发生堵管；四是 200mm 厚的二衬内设置双层钢筋网，钢筋间距小，导致混凝土浇筑困难，二衬成型质量难控制。为解决长区间小断面薄壁二衬施工面临的难题，在施工装备、施工组织、混凝土输送浇筑等方面进行攻关创新。

3.3.1　二衬成套快速施工装备研发

对二衬施工涉及的钢筋运输、模板转运、混凝土浇筑等工作，结合隧道内的施工条件，研发一系列二衬施工装备，以实现二衬机械化高效施工。针对隧道盾构洞通后，洞内拆轨及钢筋备料卸车、摆放人工操作劳动强度大的问题，设计轮式悬臂起重机进行机械化作业。针对仰拱模板体系采用传统弧形木模等方式存在劳动强度大、施工效率低下、质量不易控制、安全风险不可控等问题，设计仰拱钢模及其转运小门吊，实现机械化倒运并拼装仰拱模板，大幅降低劳动强度、提高施工效率。针对拱墙台车需在最小成型洞径 3.0m 工况下实现内部通行，并需对最小转弯半径 $R=250m$ 隧道具备高度适应性的问题，设计分节铰接的可通行门式台车，实现隧道内投入多套台车跳仓法施工，操作方便、定位支模速度快、施工质量易控制。

3.3.1.1　小断面隧道轮式悬臂起重机

在隧道盾构贯通前，所有二衬钢筋按区间、类型、尺寸集中在钢筋加工厂进行集约数控加工成半成品，其中环形钢筋加工成三段弧形钢筋。钢筋加工完成后根据单个节段需求量绑扎成小捆，便于钢筋备料。隧道贯通后，从隧道一端向另一端进行盾构设施拆除、隧道清理（走道板、轨道、风管等），同时将二衬钢筋运入隧道进行摆放。洞内设施拆除及钢筋运输采用盾构阶段电瓶运输车＋平板车进行，在平板车上加焊定型型钢支架便于弧形钢筋运输（见图3.3-1）。电瓶车进隧道时将待备料钢筋运入卸车摆放，出隧道时将盾构配套设施运出。轮式卸料起重机的作用为将电动平板车运输进洞的钢筋进行卸料和摆放，如图3.3-2所示。

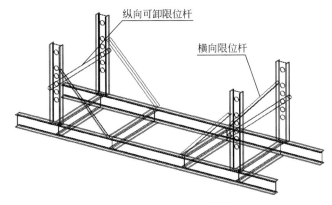

图3.3-1　定型型钢支架

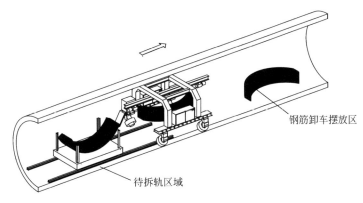

图3.3-2　钢筋卸料模拟图

3.3.1.2　仰拱钢模体系及其倒运装置

1. 仰拱定制钢模设计及其支撑体系

（1）仰拱钢模设计

仰拱定制钢模单块宽度设计为1.0m或1.2m，与管片环宽保持一致，根据成型洞径分为3.0m、3.2m、3.4m三种类型。钢模由面板、法兰盘、环向次楞、纵向主楞、纵向轨道、斜向支撑系统及合页盖板组成，法兰盘、环向次楞、纵向主楞均焊接在面板上，形成整体，共同受力，如图3.3-3所示。同时在仰拱钢模上设置轨道，为悬臂小门吊和电动平板车等倒运设备提供行走条件；合页盖板为人员行走提供行走通道。

（2）支撑体系设计

仰拱定制钢模整体刚度大，在模板两侧设置钢管支撑及花篮螺栓进行支撑即可，模板

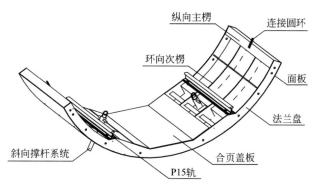

图 3.3-3　仰拱定制钢模设计图

中间净空全部留出，供倒运设备行走作业。

支撑随管片间距每 1m 或 1.2m 设置 1 道，钢管支撑一端用 U 形顶托顶紧两侧纵向边部角钢主楞，另一端直接支撑在管片手孔上，旋紧顶托顶紧即可，用于防止模板上浮。花篮螺栓设置在模板两侧连接圆环与预留钢筋之间，用于抵抗不对称浇筑时的水平荷载，限制模板侧向位移。仰拱模板支撑设置如图 3.3-4 和图 3.3-5 所示。

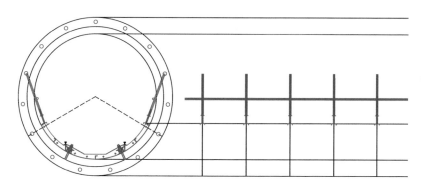

图 3.3-4　仰拱钢管支撑示意图

图 3.3-5　仰拱钢管支撑效果图

2. 仰拱模板倒运设备

为保证仰拱模板倒运高效进行，考虑仰拱模板大面积投入，在仰拱模板首尾各设 1 台悬臂小门吊负责模板安拆，起重能力大于单块模板重量。模板中部设 1 台电动平板车负责长距离运输仰拱模板，如图 3.3-6 所示。

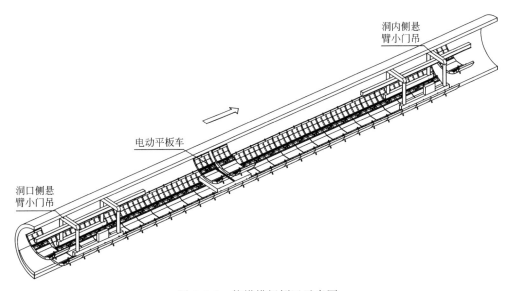

图 3.3-6　仰拱模板倒运示意图

3.3.1.3　拱墙施工衬砌台车

拱墙施工衬砌台车采用可穿行式设计，中部留设运输通道，采用分节式铰接设计、模板搭接咬合设计，可适应隧道 250m 的最小转弯半径。台车设计长度为 14.4m，根据成型洞径不同可分为 3.0m、3.2m、3.4m 三种类型。台车由 3 节 4.8m 分节小台车铰接连接而成，分节小台车拥有独立的液压控制系统。台车由模板系统、门架系统、支撑系统、液压系统、小台车铰接耳座等组成，如图 3.3-7 和图 3.3-8 所示。

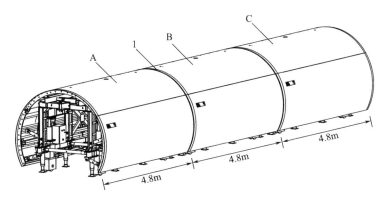

图 3.3-7　拱墙施工衬砌台车整体设计图
A—分节小台车 1；B—分节小台车 2；C—分节小台车 3；1—台车搭接模板结构

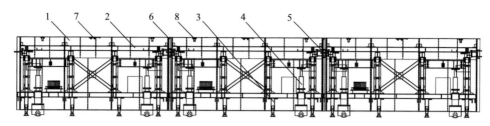

图 3.3-8 拱墙施工衬砌台车整体侧视设计图

1—模板系统；2—门架系统；3—支撑系统；4—液压系统；

5—小台车铰接耳座；6—台车搭接模板结构；7—浇筑口；8—带模注浆口

3.3.1.4 混凝土水平运输设备

为避免长距离混凝土泵送导致混凝土离析或性能损失过大，隧道内混凝土采用特制拖泵、小罐车和平移摆渡车的组合进行输送。当混凝土水平输送距离在 500m 以内时，特制拖泵放置于洞口，接料后直接泵送至浇筑面；当混凝土水平输送距离超过 500m 时，特制拖泵放置于浇筑段的尾部区域，由特制小罐车将混凝土运输至拖泵尾部后卸料入泵，再泵送至浇筑面。由于隧洞直径较小，特制小罐车无法在洞内错车，故在井口处设置平移摆渡车用于小罐车错车，依次向洞内运输混凝土。

1. 特制拖泵

特制拖泵整体尺寸为 7.5m×2.1m×2.0m，混凝土输送压力为 18MPa；下部设置轨行轮，可由电瓶车推行移动进出洞；为保证泵送时拖泵的稳固性，避免前后移位导致泵管脱落，拖泵前后两侧设置 2 组 4 个支撑，可与隧道弧面贴合，并在两侧设置夹轨器，如图 3.3-9 所示。

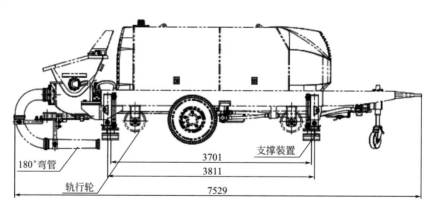

图 3.3-9 特制拖泵

2. 特制小罐车

特制小罐车整体尺寸为 8.45m×1.75m×2.37m，最大容积为 7m³，尾部卸料口高度为 1.46m；具备行走搅拌功能和插电搅拌功能，可避免长距离运输过程中出现混凝土离析、沉淀、结块等现象，并可在到达浇筑点位后插电充分搅拌再卸料；通过电瓶车推移实现行走，特制小罐车如图 3.3-10 所示。

3. 平移摆渡车

平移摆渡车的设计借鉴了管片厂模具的平移装置，由车体、小罐车轨道、小罐车锁紧

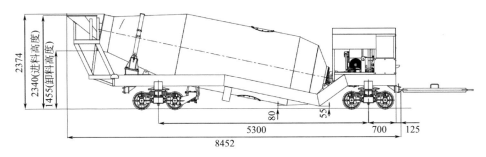

图 3.3-10 特制小罐车

装置、驱动轮组、从动轮组、对位机构和控制系统组成，如图 3.3-11 所示。平移摆渡车设置在竖井底部，长度为 8m，宽度为 8m，两组轨道中间间距 2.1m，可实现 2 台小罐车进出平行错车互不干涉。

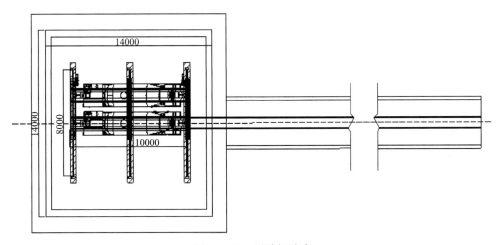

图 3.3-11 平移摆渡车

3.3.2 二衬多断面施工组织

在长距离小直径大曲率隧道工况下的二衬施工中，传统二衬施工组织技术适应性较差，因此在传统二衬施工组织技术的基础上，结合项目实际施工条件，提出了一套适用于小直径隧道超薄二衬的多断面高效施工技术。

3.3.2.1 总体施工部署

根据总体工期要求及现场施工条件，为加快二衬施工进度，各区间从两端往中间或从一端往另一端平行流水作业，共设 14 个作业面；各作业面纵向分段，竖向分层，仰拱与拱墙分开施工，先行施工的仰拱可为后续大范围施工组织提供底部通行条件，图 3.3-12 所示为各区间作业组织图。

采用"仰拱＋拱墙"的施工方案，首先需要根据混凝土有效水平泵送距离及工序搭接需求，计算出模板最优配置数量。下面以管片环宽为 1.2m 的区间为例介绍模板配置计算过程。

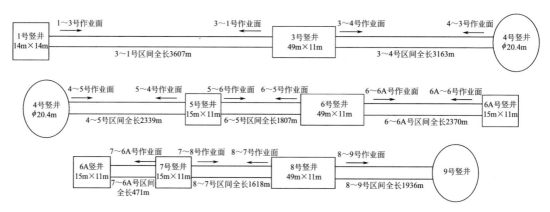

图 3.3-12 各区间作业组织图

考虑尽量减少混凝土浇筑次数，增大单次浇筑方量，模板配置应尽量增多，结合隧道曲线半径、台车设计长度、变形缝设置距离要求及拱墙跳仓法施工布置（见图 3.3-13 和图 3.3-14），仰拱或拱墙模板最大配置数量为最远泵送距离的 1/4，即最多配置 10 套模板，144 延米。

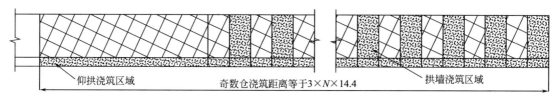

图 3.3-13 奇数仓施工示意图

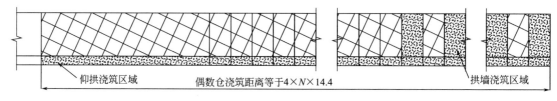

图 3.3-14 偶数仓施工示意图

将各施工环节的各个工序细分，正常施工流水阶段包括钢筋运输备料、钢筋绑扎、仰拱模板安拆、拱墙模板安拆、泵管布设、仰拱浇筑、拱墙浇筑、仰拱等强、拱墙等强、轨道铺设、隧道清理，共计 11 道工序，其中钢筋运输备料及钢筋绑扎超前，不占用关键线路。根据各工序作业位置及条件，当现场各工序达到最大的穿插搭接时，且各工序均无自由时差时为最高效的施工组织，该阶段的资源配置数量为最优资源配置。根据配置计算结果，结合工程工期要求，模板配置套数确定为 8 套 115.2m。单作业面设备配置如表 3.3-1 所示。

单作业面二衬施工设备配置表 　　　　　　　　　　　　　　　　表 3.3-1

序号	设备名称	数量	功能	备注
1	轮式悬臂吊	1 台	洞内钢筋卸车摆放	
2	仰拱模板	108 块	仰拱施工	支模使用 96 块 115.2m，预留 12 块搭接及设备停放模板

续表

序号	设备名称	数量	功能	备注
3	转运小门吊	2台	仰拱模板安拆	
4	电动平板车	1台	仰拱模板转运	
5	拱墙台车	8套	拱墙施工	共计24节,115.2m
6	电瓶车	1台	物料运输	配置平板

3.3.2.2 施工工序组织

将隧道断面分为126°仰拱与234°拱墙。仰拱支模使用带轨道的定制钢模,115.2m为一节段,拱墙采用8套14.4m长的可通行门式台车施工。

贯通后隧道二次衬砌施工从隧道两端向中间方向进行,总体施工工序组织如下:

(1)盾构洞通之前,钢筋采用BIM集约数控加工成半成品。

(2)由隧道一端向另一端拆除盾构配套材料(走道板、轨道、风管等),同步将二衬钢筋下井运至洞内摆放。

(3)根据钢筋摆放情况进行钢筋绑扎。钢筋整圆绑扎,一次成型。首节段钢筋绑扎完成后,钢筋运输备料及钢筋绑扎施工始终超前于模板混凝土施工,不占用工序时间。

(4)仰拱模板及设备下井,施工两节段仰拱。

(5)拱墙台车下井跳仓布置,占据两节段仰拱,跟进施工拱墙。拱墙分为奇数仓和偶数仓,在施工一节段仰拱的同时,完成一个奇数仓或偶数仓拱墙施工。奇数仓拱墙施工后拱墙台车仅需移动14.4m至相邻偶数仓。拱墙浇筑完两个节段后,台车需整体前移两个节段。

(6)跟进流水施工至仰拱合拢后,运出仰拱施工模板,施工完成剩余拱墙并退出拱墙台车。

(7)拆除洞内设施,清理隧道,施作后装饰变形缝,在二衬表面涂刷水泥结晶型防腐涂料,完成二衬施工。

二衬总体工序组织如图3.3-15所示。

为达到最高施工效率,应进行工序穿插,最终优化后的施工组织如图3.3-16和图3.3-17所示,奇数仓理论工效为4.5d/节段;偶数仓理论工效为5d/节段。

3.3.3 二衬混凝土长距离输送及浇筑技术

结合二衬混凝土浇筑质量要求高、作业空间小、单次浇筑距离长的特点,对二衬施工进行研究分析,形成了二衬混凝土长距离输送及浇筑成套技术方案。

3.3.3.1 混凝土长距离水平输送

二衬混凝土长距离水平输送方案为洞内混凝土小罐车运输与较长距离中低压泵送相结合的方案。即在洞内拱墙台车尾部放置混凝土拖泵,拖泵距离浇筑点最远端约360m(奇数仓拱墙施工阶段)或460m(偶数仓拱墙施工阶段),混凝土小罐车在竖井底部接料后将混凝土运至拖泵,而后经拖泵进行水平泵送入模。

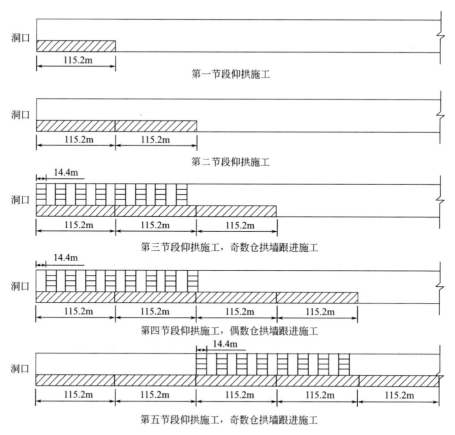

第一节段仰拱施工

第二节段仰拱施工

第三节段仰拱施工，奇数仓拱墙跟进施工

第四节段仰拱施工，偶数仓拱墙跟进施工

第五节段仰拱施工，奇数仓拱墙跟进施工

图 3.3-15　二衬总体工序组织

	6	12	18	24	30	36	42	48	54	60	66	72	78	84	90	96	102	108	114	120
工序	仰拱混凝土浇筑			仰拱混凝土养护		仰拱模板转运														
						1～9仓拱墙混凝土浇筑、带模注浆				第8仓拱墙混凝土初凝			115.2m中轨、边轨铺设				460m泵管连接			
	7～8仓拱墙台车支模												第8仓拱墙混凝土终端							
						1～8仓拱墙台车脱模、清理、移模、支模														

图 3.3-16　奇数仓施工组织

	6	12	18	24	30	36	42	48	54	60	66	72	78	84	90	96	102	108	114	120
工序	仰拱混凝土浇筑			仰拱混凝土养护		仰拱模板转运														
						1～8仓拱墙混凝土浇筑、带模注浆				第8仓拱墙混凝土初凝			115.2m中轨、边轨铺设				360m泵管连接			
										第8仓拱墙混凝土终端										
						1～8仓拱墙台车脱模、清理											1～8仓拱墙台车移模、1～2仓拱墙支模		3～6仓拱墙台车支模	

图 3.3-17　偶数仓施工组织

3.3.3.2 二衬混凝土浇筑技术

正常施工循环单次均浇筑 115.2m 仰拱＋115.2m 拱墙，奇数仓拱墙施工阶段泵管布设距离约为 360m，偶数仓拱墙施工阶段泵管布设距离约为 460m。浇筑方向从洞内向洞外、由仰拱到拱墙边浇筑边拆泵管进行。施工组织如图 3.3-18 和图 3.3-19 所示。

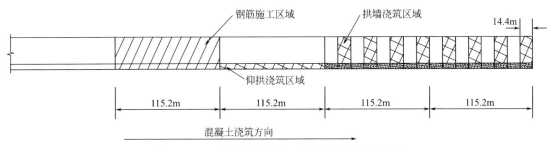

图 3.3-18　奇数仓拱墙施工阶段混凝土浇筑组织

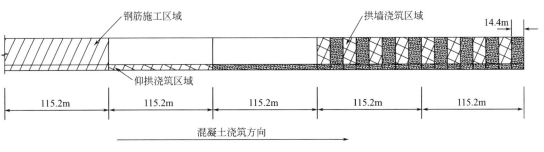

图 3.3-19　偶数仓拱墙施工阶段混凝土浇筑组织

1. 泵管布设及润管

泵管采用 3m φ125 标准泵管，布置在电瓶车中轨枕中部。出泵前 60m 内，每 2.4m 设置一道 10 号槽钢，泵管采用 U 形卡固定在槽钢上，之后每 2.4m 设置一处 10cm 高木方垫设泵管。

泵管布设完成后推行特制拖泵进洞就位，连接 180° 弯管，进行泵管水密性试验。而后在泵送混凝土前进行润管，如图 3.3-20 所示，在管道内塞入橡胶密封球，泵送 2m³ 清水、1m³ 净浆与 4m³ 水泥砂浆进行润管，砂浆要求满管，随后泵送混凝土。

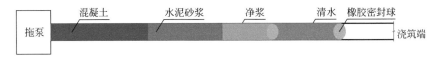

图 3.3-20　润管示意图

2. 仰拱混凝土入模技术

仰拱单次浇筑 115.2m，从最远端往靠近洞口端进行浇筑，混凝土从仰拱模板两侧敞口位置浇入。

二衬仰拱单节段 115.2m 按 14.4m 变形缝间距分为 8 仓，利用布料装置以仓为单位，由远及近地依次完成各仓浇筑。仰拱对称布料浇筑装置浇筑流程如下：

（1）进入混凝土浇筑工序后，在拖泵入洞前，将溜槽全部放入盛料箱中，吊装盛料箱下井，由电瓶车运输至仰拱模板端部，而后由洞口侧仰拱模板转运小门吊吊起通过门吊内部，放置在平板车上，安装溜槽，将布料装置停放至该节段仰拱第8仓前；

（2）仰拱模板转运小门吊均停放至两侧非浇筑区多余搭接仰拱模板内，不影响仰拱混凝土浇筑；

（3）泵管布设润管完毕后，将3m长软管固定在布料装置泵管卡扣处，即可开启拖泵开始混凝土盛料，混凝土装满盛料箱后停泵；

（4）检查两侧溜槽翻折是否收起，避免移动时溜槽与模板两侧钢管支撑碰撞，驱动装载盛料箱的运输小车在该节段内行进，到达仰拱第8仓最远端；

（5）翻折打开两侧溜槽，直接伸入模板两侧敞口位置，工人通过操纵旋转闸门的手柄来调节出料口大小，混凝土顺着人字坡从两侧出料口流出，经溜槽输送至浇筑口，闸门开启至最大位置时，可将插销插入出料口法兰盘上的插销孔来固定闸门，实现仰拱混凝土快速对称浇筑；

（6）盛料箱内的混凝土卸料完毕后，翻折收起两侧溜槽，布料装置回到第8仓起点；

（7）重复步骤（3）～（6），完成该仓仰拱混凝土浇筑，浇筑过程适当振捣；

（8）在该仓最后一斗混凝土盛料完毕后即可拆除连接软管及下一待浇筑仓段范围内5根泵管，将软管与未拆段泵管连接，将拆除泵管内的混凝土余料倒入灰桶内，然后再将灰桶内混凝土倒入待浇筑仰拱模板内，减少混凝土浪费，拆除泵管运出隧道清洗；

（9）布料装置溜槽翻转关闭行驶至待浇筑仓段起点，连接软管，重复步骤（3）～（8），直至该节段8仓仰拱全部浇筑完成；

（10）拆除两侧溜槽，将溜槽放入盛料箱内，布料装置开至洞口侧仰拱模板转运小门吊处，经小门吊转运至电瓶车处运出隧道，吊装上井及时清洗，待下次浇筑使用。图3.3-21为仰拱对称布料浇筑装置进行仰拱混凝土浇筑实景图。

图3.3-21　仰拱混凝土浇筑实景图

3. 拱墙混凝土入模技术

拱墙浇筑在仰拱浇筑完毕后接力进行，随台车布置采用跳仓法浇筑，单个施工循环共计 8 仓。单仓浇筑完毕后立即进行带模注浆作业，养护到位后还需进行脱模注浆作业，确保拱顶密实。

（1）拱墙混凝土浇筑

仰拱浇筑完毕后，在奇数仓拱墙施工阶段则可拆除第 8 仓拱墙台车内首根泵管，然后连接 3m 软管，软管一端与泵管相连，另一端连接拱墙台车浇筑口开始拱墙浇筑。在偶数仓拱墙施工阶段，则需断开拱墙浇筑区前上个奇数仓施工循环已成型的仰拱范围内的泵管，然后按奇数仓拱墙施工阶段工艺，将软管接入拱墙台车开始拱墙浇筑，如图 3.3-22 所示。

拱墙混凝土浇筑方向与仰拱一致，由洞内侧往靠洞口方向进行，即从洞内 1 号台车浇筑至洞口侧 8 号台车，采用边拆边打的方式。每仓单套 14.4m 台车上设置有 3 个浇筑口及 6 个带模注浆孔，如图 3.3-23 所示。

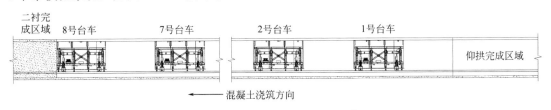

图 3.3-22　拱墙施工区域浇筑顺序图

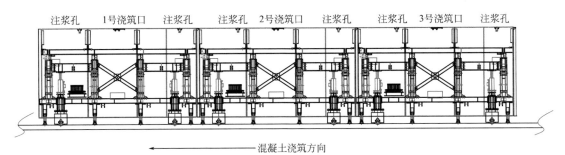

图 3.3-23　单仓拱墙浇筑顺序图

单仓拱墙混凝土浇筑工艺流程如下：

① 浇筑前，检查浇筑口均处于打开状态用于排气，检查带模注浆管是否安装到位；

② 检查完毕后，软管接入洞内侧 3 号浇筑孔开始浇筑；

③ 浇筑至侧模顶部观察窗时，适当停泵，开启平板振捣器振捣；

④ 当 2 号浇筑口漏浆时，立即停泵关闭 3 号浇筑口，拆除 1~2 根泵管，并将软管接入 2 号浇筑口进行浇筑；

⑤ 按此方式依次浇筑至 1 号浇筑口，利用 1 号浇筑口进行浇筑时，需密切关注模板上设置的带模注浆孔，当所有的注浆孔均冒浆时，立即停泵关闭 1 号浇筑口完成浇筑，如图 3.3-24 所示。

（2）带模注浆作业

为保证拱顶浇筑密实，每套拱墙台车顶部设置 6 个带模注浆孔，带模注浆孔由固定法兰、定位法兰组成，如图 3.3-25 和图 3.3-26 所示；拱墙混凝土浇筑完毕立即进行拱顶注浆，原则上不迟于混凝土浇筑完毕 12h。

① 注浆管安装。台车安装定位后，混凝土浇筑前，安装 RPC 注浆管（见图 3.3-27）。

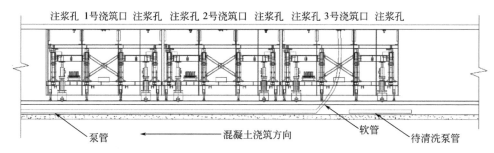

注浆孔 1号浇筑口 注浆孔 注浆孔 2号浇筑口 注浆孔 注浆孔 3号浇筑口 注浆孔

泵管　　　　　　混凝土浇筑方向　　　　　　软管　　待清洗泵管

图 3.3-24　拱墙浇筑组织示意图

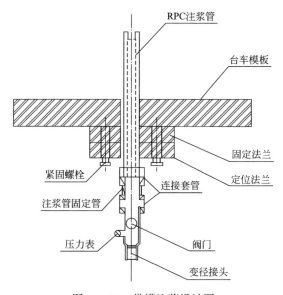

图 3.3-25　带模注浆设计图

在固定法兰上安装定位法兰，并将 RPC 管穿入定位法兰，其中上端十字切口端与管片顶紧，下端要求超出定位法兰套管 3cm。定位法兰外接管上连接套管及注浆管固定管。

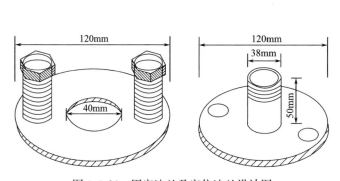

图 3.3-26　固定法兰及定位法兰设计图

图 3.3-27　RPC 注浆管

② 注浆孔混凝土泌浆观察。注浆管埋设完毕，方可开始浇筑混凝土。拱顶混凝土浇筑时，观察各注浆孔是否泌浆，必要时辅以钝头圆钢筋确定管内出浆情况，以确定混凝土

是否达到注浆管出浆口位置。各注浆孔出浆以及端模混凝土饱满后，认为混凝土基本完成冲顶。拱顶混凝土浇筑完毕，及时对注浆孔进行清理和防堵措施，避免注浆管堵塞。

③ 注浆。混凝土浇筑前将注浆设备及注浆料运输至仰拱完成区域存放，待第1仓拱墙浇筑完成立即开始注浆，将注浆管管头提升到拱墙台车上，与台车注浆接头连接，并将注浆管固定到台车上，悬空部分固定在台车侧面。

④注浆管处理。注浆管外漏部位使用角磨机切割打磨平整，并使用改性环氧树脂进行表面处理。对内部完全密实的注浆孔，以注浆孔为中心涂刷改性环氧树脂胶，涂刷范围为半径10cm。注浆孔未完全密实的，先使用环氧树脂胶泥封堵注浆孔，封堵深度不低于5cm，然后在表面涂刷环氧树脂胶，涂刷范围为半径10cm。

（3）脱模注浆作业

纵向注浆管在钢筋绑扎时预埋在拱顶外侧，注浆管采用孔径 ϕ20mm HDPE 管（管壁开缝），每仓设置一处注浆孔，注浆孔通过变形缝位置伸出拱墙台车模板，如图 3.3-28 和图 3.3-29 所示。注浆在二衬强度达到设计强度 80% 后进行，采用 1:1 微膨胀水泥浆液进行注浆，注浆压力 0.05～0.1MPa，注浆结束后，注浆孔应封堵密实。

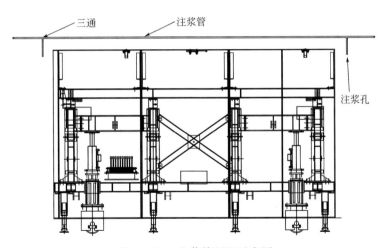

图 3.3-28 注浆管预埋示意图

图 3.3-29 脱模注浆管预埋

3.4 顶管施工

支隧顶管施工具有单次顶进距离长、曲率半径小、岩层强度大等特点，是国内一次顶进最长、埋深最大的曲线岩石顶管隧道，施工难度极大。因此，结合支隧顶管施工的实际需求，从顶管设备和施工技术两个方面进行优化改进。

3.4.1 长距离大埋深曲线岩石顶管设备研发

顶管设备是顶管施工的关键，为保障顺利施工，根据支隧顶管施工的实际条件，研发专用的曲线硬岩顶管设备，对刀盘、壳体、主顶、中继间等进行了针对性设计。

3.4.1.1 适应性刀盘设计

支隧单次顶进距离最长达 930m，区间穿越地层主要为中风化泥质粉砂岩、中风化含钙含泥细砂岩、强风化含钙含泥质粉砂岩、中风化砂砾岩、强风化砂砾岩、中风化挤压破碎带等；区间穿越地层既包括全断面的中风化岩层，也包括全断面的强风化地层。

针对顶进区间复合地层的特点，刀盘采用混合型结构，刀盘上布置有重型单刃和双刃盘型滚刀，以及镶嵌优质硬质合金刀头的单向主切割刀、边缘刮刀，具有较高的强度、刚度、耐磨性和使用寿命，如图 3.4-1 所示。

为保证渣土顺利排出，降低渣块沉积滞排、堵管的风险，设计刀盘二次破碎功能，如图 3.4-2 所示。一次破碎系统刀盘滚刀碾压实现破岩；二次破碎系统对进入土仓的渣块经过刀盘扭腿与壳体的定锥体相互旋转剪切以实现石块破碎。经二次破碎后石渣粒径小于20mm，通过渣浆泵排出。同时配置高压喷水孔，遇到含泥量较大的地层时可及时将刀盘割下的黏土分离和破碎，顺利通过排渣泵排出，有效提高顶管机在黏土地质条件下的适应性能。

图 3.4-1 顶管刀盘 　　　　　　　　　　　图 3.4-2 刀盘二次破碎系统

刀盘由三台 45kW 变频电动机进行调速控制（见图 3.4-3），机器长距离顶进时，可有效提高刀盘的启动性能，提高整机的可靠性；根据土质情况的变化，不仅可以实现刀盘恒转矩输出，还可以调整刀盘转速，适应穿越岩石与强风化类软土地层的变化和要求以及洞口加固区等复杂地质条件，并有利于实现地面沉降控制。

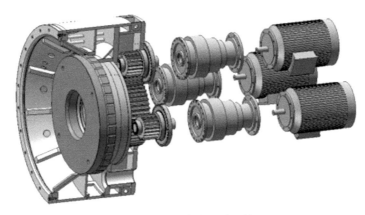

图 3.4-3　刀盘主驱动系统

3.4.1.2　适应性壳体设计

针对设备在复合岩石地层条件下超长距离曲线顶进的特点，壳体内设计了两级纠偏系统，如图 3.4-4 所示。壳体内配置两道主动铰接油缸，形成了三段两铰结构型式，可以增加顶管机纠偏角度，能适应 150m 转弯调向纠偏需求，更好地满足曲线施工的要求，提高设备的适应性。

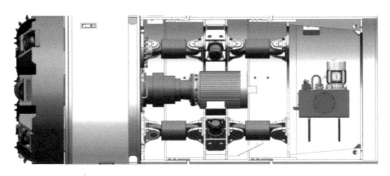

图 3.4-4　两级纠偏系统

3.4.1.3　主顶系统设计

顶管机的主顶系统是顶管机的关键组成部分，承担顶管机的大部分推进任务。主顶系统装置由后座垫铁、导轨、千斤顶、千斤顶支架及液压泵站组成，如图 3.4-5 所示。液压主顶油缸安装在工作井的底座上，通过油缸的伸缩来实现顶管机的顶进和混凝土管的放置，在顶进前需布置顶铁使顶管机和钢筋混凝土管受力均匀。

通常顶进时，液压主顶油缸与顶铁接触前有一段空行程，为提高顶管机的工作效率，这段行程可快速前进；当与顶铁接触开始顶进工作时，液压主顶油缸以可控的速度前进；完成顶进后，液压主顶油缸快速缩回。通过分析主顶液压系统的工况和动作要求，对顶管机的主顶液压系统进行设计。

主顶液压系统由一台 45kW 电机驱动，液压泵采用电比例压力反馈控制技术实现推进压力的自适应控制，能根据负载推力自动调整泵的工作压力，达到节能效果，如图 3.4-6 所示。

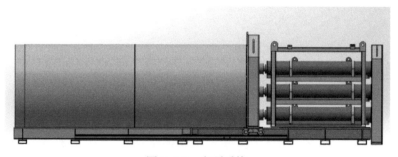

图 3.4-5　主顶系统

控制阀组由 6 组电磁换向阀、1 个电比例调速阀和 1 个快慢速度切换阀组成，如图 3.4-7 所示，其中电比例调速阀负责调节顶推过程中油缸的推进速度，满足 0～100mm/min 的无级调速；快慢速度切换阀主要是在管节拼装时，让更多流量的液压油进入油缸，工作油缸能够快速伸出和缩回，提高工作效率。

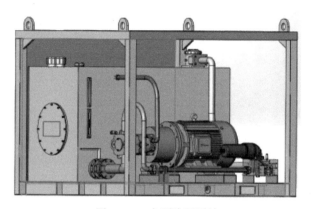

图 3.4-6　主顶液压泵站

图 3.4-7　主顶液压阀组

3.4.1.4　中继间系统设计

中继间是长距离顶管施工的关键，通过将管道分成数段，分段向前推顶，使主千斤顶的顶力分散，总顶力等于各分顶力之和，并使每段管道的顶力降低到允许顶力范围内。中继间的设置直接影响着顶管的质量和顶进速度。

中继间的布置除了要与理论计算的顶力项匹配外，还要充分考虑工程的实际情况。一般情况下，第一个中继间应放在比较靠前的位置，当主顶总推力达到中继间主推力的 40%～60%时，放置第一个中继间，这主要是考虑到顶进过程中，顶管机本体正面的阻力会因土质条件变化而发生较大的变化。第一个中继间以后，每当主顶推力达到中继间推力的 70%～90%时，放置下一个中继间，如图 3.4-8 所示。

中继间工作时按先后次序逐个启动，首先借助最前面的中继间，将其前方的管路向前顶出一个中继间顶程，后面的中继间和工作井内的主千斤顶保持不动，形成后座，这时最前面的中继间必须排放油压，将液压系统转换为自由回程状态。后面的中继间向前顶，将第一中继间的油缸缩回，前面的管段不动，重复同样的动作，直到最后再由主顶油缸把最

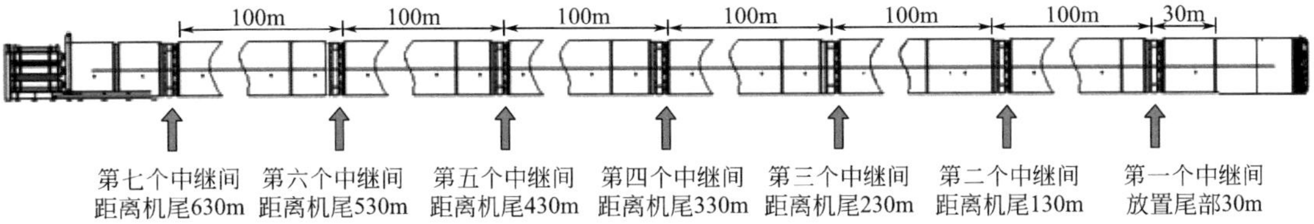

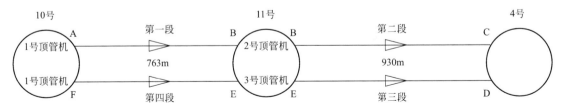

图3.4-8　中继间布置示意图

后一段管路推顶上去，同样的过程继续重复直到整段管节全部推顶完成。顶推结束后，中继间按先后顺序拆除其内部油缸以后再合拢，这样便达到了减少顶力的目的。管外壁摩擦每次只发生在正向前移动的一部分管路上；反之，处于静止状态的各个管路上并不会出现任何管外壁摩阻力。

3.4.2　长距离大埋深曲线顶管掘进施工技术

支隧顶管施工共划分为四个区域进行施工，如图3.4-9所示，分别为A—B、B—C、F—E、E—D四个区域段，分批次投入三台顶管机进行顶进施工，10号竖井作为始发井，首先投入1号顶管机进行顶进施工，待A—B段顶管完成后，从11号竖井接收吊出再调回10号竖井进行F—E段顶进施工。11号竖井作为始发井兼接收井，投入第2号、3号顶管机向4号竖井方向顶进施工，2号顶管机先进行B—C段顶管施工，待2号顶管机顶进一段距离后，再安装3号顶管机进行E—D段顶进施工。顶管施工过程中主要面临顶进姿态控制、长距离顶进减阻等难题。

图3.4-9　顶管施工总体部署

3.4.2.1　长距离曲线顶管姿态控制关键技术

顶管穿越复杂、不均匀的地层时极易造成顶管周围压力不均，引起顶管轴线偏差。双线顶管净间距仅为2.5m，顶进速度、地层压力变化、双线顶进相互干扰等容易造成顶管线路侧移，单次顶进距离较长。随着顶进距离的增加，管段的柔性将随之增加，在掘进过程中极易出现摆动，需要加强顶进姿态控制，保证管道施工轴线准确，降低施工质量安全风险。因此通过采用自动导向测量系统与人工复核相结合的方式进行测量控制，并通过采用纠偏油缸，调整出泥量、注浆压力、顶进速度等施工参数对顶管姿态进行纠偏，使顶进曲线及姿态偏差在设计允许范围内。

针对上述姿态控制难点，施工过程中采取了以下措施：

（1）自动导向测量系统。采用全自动、高精度自动导向测量系统。由软件实现依次驱动3～8台全站仪进行数据采集、传输与处理。在工作井安置全站仪且设站定向。从井口依次向顶管机位置测量支导线，在靠近顶管机位置的点测量顶管机，计算顶管机位置偏差。通过数据计算处理获得顶管前端中心上测点的三维数据，并与设计数据比较得出上、下、左、右方向的偏差，软件界面显示顶管前端中心测点的三维偏差以及顶进过程中的偏差变化轨迹。自动测量传输系统如图 3.4-10 所示。

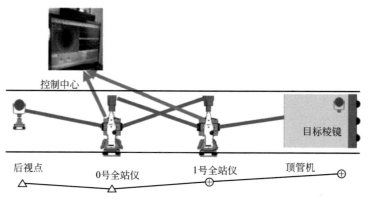

图 3.4-10　自动测量传输系统

（2）人工复测。为了保证姿态控制精度，采用自动导向控制系统结合人工复测程序，每 50m 进行一次人工复测，采集的数据与导向控制系统的数据进行复核，及时纠正系统误差，防止偏差累积。

（3）纠偏系统。将自动导向测量系统及人工复测数据与设计线路进行对比，发现顶进姿态与管道线路推进位置、方向存在偏差，利用顶进纠偏系统及时纠偏。纠偏系统主要由纠偏千斤顶、油系站、位移传感器和倾斜仪等设备组成。顶管设备采用二级纠偏系统，能够很好地适应小转弯半径工况。

3.4.2.2　长距离曲线顶管施工注浆减阻关键技术

支隧顶管施工，单次顶进距离长且为曲线顶进，顶进摩擦阻力大；穿越地层条件复杂，管土摩擦系数大；管节周围土层软硬不均，难以形成完整泥浆套，影响减阻效果。通过采取高压膏浆与触变泥浆的组合减阻措施，有效减小摩擦阻力，实际顶力仅为理论顶力（根据《给水排水工程顶管技术规程》CECS 246 计算）的 60% 左右。

顶进施工过程中，采用高压膏浆与触变泥浆相配合的减阻措施，即在机尾管及前 100m 同步注入高压膏浆，其余后部管节注入常规触变泥浆。确保浆液不从机头流入前方，同时也不从后方洞门流出，有效地保证管道在一个完整的泥浆套中顶进。通过控制注浆施工参数，使管节重力与浆套产生的浮力相等，管土之间的接触状态转变为"固—液—固"状态，此时管壁所受摩阻力大幅度减小，注浆减摩措施达到最佳效果。

3.5　深隧功能性验收

3.5.1　实施背景

城市污水传输深隧工程功能特殊，结构复杂，目前在国内正处于规划建设的起步阶段，缺少相应的技术标准或规范。根据功能划分，城市污水传输深隧属于市政排水工程，应按照《给水排水管道工程施工及验收规范》GB 50268 的规定进行功能性验收，深隧属于压力管道，需开展水压试验。然而该规范主要适用于地表或地下浅层管道，对于结构特殊的城市污水深隧工程，不能完全适用。若严格执行规范要求，开展水压试验主要存在以下问题：

① 根据规范，压力管道水压试验的分段长度不宜大于 1.0km，而项目主隧全长 17.5km，内径 3.0～3.4m；支隧全长 1.7km，内径 1.65m。分段开展试验，需对隧道进行临时封堵，这将破坏隧道结构，且大口径隧道封堵施工的安全风险较高；

② 项目主隧为管片＋现浇钢筋混凝土二衬结构，支隧采用预制普通钢筒混凝土管，按照规范要求，试验压力应为 1.5 倍工作压力，最高达到 0.45MPa。对主隧（内径 3.0～3.4m）和支隧（内径 1.65m）打压难度大；

③ 按照规范，水压试验后需对管道外部进行渗漏检测，由于项目隧道采用非开挖方式施工，不具备从隧道外部进行渗漏检测的条件。

规范中关于水压试验开展的相关技术要求，与城市污水深隧工程的实际情况差别较大，难以完全适用，因此需结合污水深隧工程的实际条件，制订科学合理、可操作性强的验收方案进行功能性验收。

3.5.2 功能性验收方案论证

3.5.2.1 案例分析

目前已有污水深隧建成并投入运行，通过对已建成污水深隧工程验收标准的整理分析，常规的污水深隧功能性验收方法可大致分为以下两类：

1. 隧道充水试验

美国旧金山海湾输水隧道、洛杉矶排污隧道等在投入运行前采用充水试验进行功能性验收，以确保结构达到水密性标准。充水试验在隧道所有结构的混凝土浇筑完成并达到规定的抗压强度，以及连接井中的结构墙等相关部分均施工完毕后开展。首先沿隧道定线测量地下水水位，以确定外部静压水头。如果试验是分段进行或在高压下进行，需在隧道内部安装隔板作为临时封堵。之后将测试隧道及竖井注满水至最大工作水面或设计最大内部静压水头。关闭所有阀门，严格密封所有可见的开口和渗透孔。隧道及竖井浸泡至少 24h，保证结构内所有空隙吸水至饱和状态，并使竖井内超过测试水头的额外水量蒸发。

到达测试水头之后，在 72h 内监测隧道及竖井内的水位变化，测量指标包括温度、水位、蒸发损失或降水量，测试完成后，卸下已安装的隔板，排空隧道和竖井。

2. 隧道空置条件下的外水入渗测试

香港"净化海港计划"于 1994 年兴建，其核心工程是深层污水隧道系统，用于收集及处理维多利亚港两岸区域的污水。隧道深度在海平面以下 70～160m，是目前全球最深的污水隧道。

海港计划中深层污水隧道的功能性验收方式为隧道的施工各阶段中进行的 QA/QC 全过程管理，即按照设计要求，在污水隧道的混凝土衬砌施工各主要阶段进行严格的渗水测试，在隧道空置的情况下检测外水入渗情况。根据香港污水隧道建设要求，污水隧道的永久衬砌完成后，允许进入隧道的最大渗漏量为每千米隧道不超过 50L/min。该渗漏量测定条件相当于整个隧道空置，并承受 150m 的最大水头差。污水隧道在正常运行的工况下，隧道内部被充满且承压运行，隧道在运行过程中承受的水头差将大大减小。若隧道在空置的情况下能够满足设计防水的要求，在隧道运行期间由于水头差的减小，此时的渗漏量必定不会超过规定的最大渗漏量值（50L/min），因此污水隧道在投入运行之后，外水内渗的风险概率极低。同时，隧道地下外水位通常高于污水隧道内的水头，因而污水隧道发生内水外渗的可能性较低。

3.5.2.2 理论分析

隧道运行时是否发生渗漏，主要与隧道内外的水压差相关。位于地下水位以下的深层隧道，隧道充水前受地下水外压影响，如果在隧道空置条件下防水满足设计要求，则在其内部充满水运行时，内外水压部分抵消，隧道内外的水压差将减小，此时隧道外水入渗的情况不会比隧道空置时严重，其原理如图 3.5-1 所示。而在某些特殊工况（如事故工况）下，隧道运行过程中会出现内压大于外压的情况，如果在隧道空置条件下外水内渗可以满足防水要求，那么内水外渗同样也可以满足要求。隧道防水结构对于内部外部水体具有相同的阻隔作用，隧道空置条件下地下水无法渗入隧道，则证明防水设计与施工质量较好，隧道内的污水也无法渗入周边地下环境。因此，通过观察隧道空置情况下外水内渗的情况，便可对隧道运行过程中的渗漏情况进行预测。

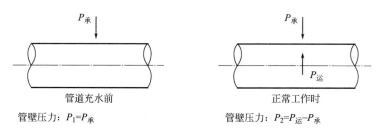

管道充水前   正常工作时

管壁压力：$P_1 = P_承$ 管壁压力：$P_2 = P_运 - P_承$

P_1 时，经检测若无内渗，则，$P_2 < P_1$ 时，无外渗现象发生

图 3.5-1 隧道内外水压关系图

结合项目隧道各区间地下水位情况以及运行过程中深隧结构承受的工作内水压进行分析，相关参数见表 3.5-1。

深隧运行期间各区段内外水压   表 3.5-1

区间	地质分级	穿越地层	区间高程/m	外部水压力 P_1/MPa	工作水压力/MPa	工作内外水压差（工作水压外部水压）/MPa	事故/试验水压力/MPa	事故内外水压差/MPa
1~3 号	长江一级阶地	粉细砂、强中风化泥质粉砂岩	−11.20~ −8.85	0.3~0.35	0.21	−0.14~ −0.09	0.315	−0.035~ 0.015
3~4 号	长江三级阶地过渡段	过渡破碎带,强中风化泥质粉砂岩	−13.29~ −11.20	0.29~0.34	0.24	−0.10~ −0.05	0.36	0.02~ 0.07

续表

区间	地质分级	穿越地层	区间高程 /m	外部水压力 P_1/MPa	工作水压力 /MPa	工作内外水压差(工作水压外部水压)/MPa	事故/试验水压力 /MPa	事故内外水压差 /MPa
4～5号	长江三级阶地	强中风化含钙泥质粉细砂岩	−15.04～−13.29	0.25～0.28	0.26	−0.02～0.01	0.39	0.11～0.14
6～5号		中风化含钙泥质粉细砂岩	−16.21～−15.04	0.21～0.25	0.26	0.01～0.05	0.39	0.14～0.19
6～6A号		中风化灰岩及强发育岩溶带	−17.89～−16.21	0.35～0.41	0.26	−0.15～−0.09	0.39	−0.02～0.04
7～6A号		中风化泥岩、泥质粉砂岩	−18.29～−17.89	0.21～0.25	0.26	0.01～0.05	0.39	0.14～0.18
8～7号		中风化含钙泥质粉细砂岩	−19.36～−18.29	0.20～0.22	0.27	0.05～0.07	0.41	0.19～0.21
8～9号	长江一级阶地	粉细砂、强中风化含钙泥质粉砂岩	−20.64～−19.36	0.38～0.42	0.29	−0.13～−0.09	0.435	0.015～0.055

由表 3.5-1 可知，项目运行期间，各区段地下水压力比隧道内水压稍大或大致相等。在长江一级阶地内，隧道外水压大于内水压，结构整体受力性能好，仅有外水压时渗水情况最严重。在长江三级阶地内，隧道外水压小于内水压，由于外部土体限制，隧道结构在内水压及外部水土压力的共同作用下，截面基本上不会出现受拉状态，且内外水压差值小于外水压，因此渗水情况不会比仅有外水压时严重。事故工况下，位于长江一级阶地与三级阶地岩溶区内隧道区段外水压与隧道内水压也基本相等，其他区段外水压则略小于隧道内水压。综上所述，仅有外水压的工况为深隧渗漏的最不利情况，通过检测隧道空置时的渗漏情况可对隧道运行时的渗漏情况进行预测。

大东湖深隧主隧为现浇钢筋混凝土结构，工作压力（P）为 0.2～0.3MPa，支隧为预制普通钢筒混凝土管，工作压力约为 0.1MPa，根据《给水排水管道工程施工及验收规范》GB 50268 要求，主隧及支隧的通水试验压力均应为 1.5 倍工作压力，其中主隧全段需注水至 23.26m 以上，现状竖井井筒需浇筑抬升；同时，需在入流竖井进口处采用现浇钢筋混凝土墙就隧道部分与预处理站部分分隔。考虑封堵墙拆除对现状土建结构的影响，试验水压宜相应减小，参考深隧运行工作压力（P），将主隧试验压力设置为 $1.02P$～$1.13P$，支隧试验压力设为 $1.13P$～$1.33P$，通水试验压力参数见表 3.5-2。

3.5.3　功能性验收方案制定

深隧功能性验收分为两步进行。第一步是隧道渗水观测：项目主隧和支隧施工完成后，验收人员进入隧道内，依照《地下工程防水技术规范》GB 50108 的要求，采用观察法对隧道进行防水验收。若不满足规范要求对隧道进行堵漏修补，使隧道防水验收合格。第二步是严密性通水试验：向主隧和支隧全线注水至试验设计水位，观测隧道在试验内水

通水试验压力参数表 表 3.5-2

竖井		设计地面高程/m	设计隧底高程/m	正常工况静水水头 P/m		规范要求试验水压		实际试验水压	
				最高	最低	水头高度/m	液面标高/m	水头高度/m	液面标高/m
主隧	1号	23	−8.85	20.85	20.85	1.5P	22.42	1.02P	12.42
	3号	23.8	−11.21	22.58	21.87	1.5P	22.66	1.05P	12.50
	4号	31.5	−13.30	24.15	22.85	1.5P	22.92	1.07P	12.54
	5号	34.212	−14.94	25.23	22.74	1.5P	22.90	1.09P	12.56
	6号	24.5	−16.21	26.06	22.65	1.5P	22.88	1.10P	12.46
	6A号	21.1	−17.95	27.32	22.80	1.5P	23.03	1.11P	12.38
	7号	23.3	−18.30	27.57	22.83	1.5P	23.06	1.12P	12.58
	8号	22.14	−19.36	28.34	22.95	1.5P	23.15	1.12P	12.38
	9号	22	−20.64	29.27	23.09	1.5P	23.26	1.13P	12.44
支隧	10号	23.5	1.13	11.67	11.54	1.5P	18.63	1.13P	14.32
	11号	31.85	0.75	11.17	10.51	1.5P	17.51	1.21P	14.27
	4号	31.5	0.29	10.56	9.26	1.5P	16.13	1.33P	14.33

压力下的渗漏量是否满足要求。隧道渗水观测结果和通水试验结果依次满足要求，则深隧功能性验收合格。

3.5.3.1 主隧功能性验收方案

1. 隧道防水验收

主隧隧道设计防水等级为三级，检验标准见表 3.5-3，实际操作中，防水验收与结构验收同步进行，在结构验收的同时进行渗漏观测，重点检查是否有线流和漏泥沙。

《地下工程防水技术规范》GB 50108—2008 检验标准 表 3.5-3

防水等级	标准
一级	不允许渗水,结构表面无湿渍
二级	不允许漏水,结构表面可有少量湿渍; 工业与民用建筑:总湿渍面积不应大于总防水面积(包括顶板、墙面、地面)的 1/1000;任意 100m² 防水面积上的湿渍不超过 1 处,单个湿渍的最大面积不大于 0.1m²。 其他地下工程:总湿渍面积不应大于总防水面积的 6/1000;任意 100m² 防水面积上的湿渍不超过 4 处,单个湿渍的最大面积不大于 0.2m²
三级	有少量漏水点,不得有线流和漏泥沙; 任意 100m² 防水面积上的漏水或湿渍点数不超过 7 处,单个漏水点的最大漏水量不大于 2.5L/d,单个湿渍的最大面积不大于 0.3m²
四级	有漏水点,不得有线流和漏泥沙; 整个工程平均漏水量不大于 2L/(m²·d);任意 100m² 防水面积上的平均漏水量不大于 4L/(m²·d)

2. 严密性通水试验（表 3.5-4）

主隧通水试验方案为：主隧全线 17.5km 注水至 1 号竖井入流构筑物标高以下水位 12.5m（1.02P～1.13P），然后进行渗漏观测。根据确定的试验水位，主隧通水试验需使用约 15 万 t 水，设置 2 个注水点，在二郎庙预处理站和武东预处理站通过入流竖井向隧道内注水。具体实施步骤如下：

（1）通水前，二郎庙预处理站、武东预处理站开始缓慢进水，并进行设备系统联动调试运转，并确认无异常。

（2）第 1 天，主隧缓慢注水至 6 号竖井隧底标高（约 −16.41m），注水水量约 1.2 万 m^3。

（3）第 2 天，主隧缓慢注水至 4 号竖井隧底标高（约 −13.5m），注水水量约 4.1 万 m^3。

（4）第 3 天，主隧缓慢注水至 1 号竖井隧底标高（约 −8.85m），注水水量约 5.6 万 m^3。

（5）第 4 和 5 天，主隧缓慢注水至 1 号入流竖井观测水位约 12.5m，注水水量约 4.1 万 m^3。

（6）第 6～8 天，主隧及竖井浸泡 72h。

（7）第 9 天，完成主隧严密性试验检测。

大东湖深隧主隧通水试验过程 表 3.5-4

序号	项目	持续时间	备注
1	试验准备	—	主隧全线预留孔洞及检修井顶部铺盖模板,减少水分蒸发;预处理站内设备系统联动调试运转,保障注水过程顺利进行
2	注水	120h	过程中观察井内水位,控制注水流量
3	浸泡	72h	规范要求大于直径>1000mm 的给排水管道浸泡时间≥72h
4	试验补水	4h	隧道缓慢注水至各功能井液面水位稳定在高程 12.5m,注水流量 0.5m³/s
5	试验观测	12h	根据规范要求,采用允许渗漏量作为试验判定指标,实际操作中转换为观测记录液面下降高度

主隧严密性通水试验允许渗漏量参照《给水排水管道工程施工及验收规范》GB 50268 与《给水排水构筑物工程施工及验收规范》GB 50141 要求计算确定渗水量不得超过 2L/（$m^2 \cdot d$）。

3.5.3.2 支隧功能性验收方案

支隧功能性验收与主隧类似，支隧顶管施工完成后进行顶管隧道结构质量验收，在结构验收的同时观测渗漏情况，对支隧进行防水验收。支隧设计防水等级为二级，检验标准见表 3.5-3。在防水验收合格后，进行支隧通水试验，试验过程见表 3.5-5，从落步嘴预处理站内的入流井注入支隧，试验总用水量约 1.0 万 m^3。具体实施步骤如下：

（1）第 1 天，支隧缓慢注水至 10 号井隧底标高（约 1.13m），注水水量约 1800m^3；

（2）第 2 天，支隧缓慢注水至观测水位约 14.3m，注水水量约 8000m^3；

（3）第 3～5 天，支隧及竖井浸泡，时间不小于 72h。

大东湖项目支隧通水试验过程 表 3.5-5

序号	项目	持续时间	备注
1	试验准备	—	做好闸门封堵、井口遮蔽等,避免渗漏、蒸发等因素影响试验结果
2	注水	4h	过程中观察井内水位,控制注水流量
3	浸泡	72h	规范要求大于1000mm的给排水管道浸泡时间≥72h
4	试验补水	4h	隧道缓慢注水至各功能井液面水位稳定在高程14.3m,注水流量0.1m³/s
5	试验观测	48h	根据规范要求,采用允许渗漏量作为试验判定指标,实际操作中转换为观测记录液面下降高度

3.5.4 功能性验收方案实施

隧道施工完成后,由验收人员对隧道全线进行渗漏情况观测(见图 3.5-2),针对出现的渗漏区域,采用注浆或其他措施进行修复,直至隧道满足防水验收标准。

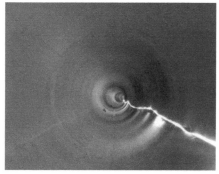

图 3.5-2 主隧渗水观测

由于深隧末端连接北湖提升泵房,为了避免隧道末端闸门渗漏对通水试验数据的影响,试验过程中应保持深隧末端闸门处于打开状态,让深隧及泵房的配水井和水泵前后管道同时充水。泵房内的管路、设备在试验前应验收完毕,达到通水试验条件,注水过程中做好管路和设备渗漏检查,及时处理渗漏问题。

根据《给水排水管道工程施工及验收规范》GB 50268 要求,主隧允许渗漏量的观测指标见表 3.5-6。

主隧严密性试验检测指标 表 3.5-6

项目	时间	渗漏量和对应水位降
观测	1h	允许渗漏总量≤47.33m³,各井液面均降≤0.14m
	2h	允许渗漏总量≤94.67m³,各井液面均降≤0.28m
	3h	允许渗漏总量≤142.00m³,各井液面均降≤0.42m
	4h	允许渗漏总量≤189.34m³,各井液面均降≤0.56m
	8h	允许渗漏总量≤378.67m³,各井液面均降≤1.12m
	12h	允许渗漏总量≤568.01m³,各井液面均降≤1.68m

支隧严密性通水试验允许渗漏量的观测指标见表 3.5-7。

支隧严密性试验检测指标 表 3.5-7

项目	时间	渗漏量和对应水位降
观测	6h	允许渗漏总量≤4.48m³，各井液面均降≤0.03m
	12h	允许渗漏总量≤8.97m³，各井液面均降≤0.06m
	24h	允许渗漏总量≤17.93m³，各井液面均降≤0.12m
	48h	允许渗漏总量≤35.86m³，各井液面均降≤0.23m

严格按照验收方案开展功能性验收。在渗水观测环节，主隧及支隧均满足设计防水标准；严密性通水试验中，主隧与支隧通水试验各时段的水位降低值均低于允许水位降低值，功能性验收合格。

本章参考文献

[1] 蒋尚志，鲁文博，谷海华. 高入岩率超深地下连续墙组合成槽施工技术 [J]. 市政技术，2019，37 (6)：242-244，255.

[2] 陈伟，刘康宇，李小凯，等. 超深岩质基坑引孔式非爆破开挖技术 [J]. 施工技术，2020，49 (19)：44-46，52.

[3] 戴小松，朱海军，陈伟，等. 大东湖深隧工程小断面超深竖井施工综合技术 [J]. 施工技术，2019，48 (19)：83-86.

[4] 戴小松，刘开扬，罗义生，等. 悬挂式施工升降机在超深竖井中的应用 [J]. 施工技术，2019，48 (16)：98-101.

[5] 贾瑞华，谷海华，叶亦盛，等. 大东湖深隧长距离大埋深复杂地层盾构选型研究 [J]. 施工技术，2020，49 (19)：67-70.

[6] 谷海华，刘开扬，苏长毅，等. 狭小竖井内小盾构高效双向分体始发技术 [J]. 建筑施工，2020，42 (11)：2122-2124.

[7] 戴小松，刘卫平，孔祥永. 提高短定向边长距离小直径盾构隧道贯通精度的方法研究 [J]. 施工技术，2020，49 (19)：79-82.

[8] 苏长毅，刘灿光，谷海华，等. 超长区间土压盾构连续穿越富水砾卵石层施工技术 [J]. 施工技术，2020，49 (19)：71-74.

[9] 鲁文博，梅耀辉，贾瑞华，等. 盾构下穿湖区岩溶地层施工技术 [J]. 施工技术（中英文），2021，50 (20)：112-114.

[10] 余南山，许剑波，刘开扬，等. 小直径隧道二次衬砌仰拱模板体系的设计与长距离倒运 [J]. 建筑施工，2021，43 (8)：1570-1571.

[11] 彭文韬，苏长毅，刘灿光，等. 小直径大曲率隧道二次衬砌拱墙台车的设计 [J]. 建筑施工，2021，43 (8)：1567-1569.

[12] 戴小松，刘开扬，谷海华，等. 小直径长距离盾构隧道全圆二次衬砌成套高效施工技术 [J]. 施工技术（中英文），2021，50 (18)：25-30.

[13] 孙庆，冯文强，王志云，等. 大东湖核心区污水传输支隧工程顶管施工关键技术研究与应用 [J]. 隧道建设（中英文），2021，41 (7)：1218-1224.

4 污水深隧运维关键技术

针对隧道正常工况下运行及结构状态难以掌握、隧道内部淤积及外源性破坏等风险难以实时预测预警问题，从隧道定点监测、全线巡检和智慧化运营管控等方面开展重点研究，结合物联网、光纤传感、数学模型、机器学习和水下机器人等技术手段，开发基于隧道分层流速测量技术、水力模型预测技术的智慧运营系统，开发基于光纤光栅传感技术的结构健康监测系统，研制适用于高流速长距离低可视污水深隧在线巡检作业的水下机器人系统，研发基于风险目标智能识别的无人机巡线系统。通过以上研究，建立运营全生命周期的污水深隧智慧运维技术体系。

4.1 智慧深隧系统

4.1.1 污水深隧智慧运营系统方案

4.1.1.1 系统组成

智慧运营系统总体架构体系按"五个层次"的总体要求部署（见图 4.1-1）。采集监控层作为信息采集、交换服务的基础，通过覆盖深隧的监测设备传感器成为为智慧大脑提供外部信息的感官触角，在项目建设中具有基础性地位。基础设施层通过互联网、通信网、虚拟化服务和存储、信息安全等基础手段实现信息资源的高效共享和交换，针对互联网、移动无线专网等不同范围网络平台提供相应的隔离措施与安全保障。平台数据层完成采集监控数据、基础空间数据、综合业务数据的汇集、共建共享与更新维护，为上层业务集成与应用提供完整的数据分析依据。技术支撑层和平台应用层是智慧深隧系统应用的核心部分，技术支撑层将数据分析、数学模型及专家库知识体系与业务应用相结合，在平台应用层中对深隧管理、运行工作中各类事务特征和变化规律进行抽象描述和规律研究，用系统功能满足业务管理对智慧的需求，同时承载各类资源、目录与存储发布信息，为子站操作用户、中控调度用户和不同层级的管理用户量身定制符合其自身业务需求的应用服务。

4.1.1.2 功能介绍

智慧运营系统根据实际深隧运营与维护需求，分为 7 大功能模块：全维信息、运营管理、调度管理、设备管理、视频监控、数据管理与系统管理。其中，全维信息模块是整个系统的信息集成与展示窗口；运营管理模块作为系统的"眼睛"，重点实现实时监测数据的查询、计算与分析；调度管理模块则作为系统的"大脑"，辅助深隧调度方案制订，以上三大模块为深隧系统功能的核心功能模块。

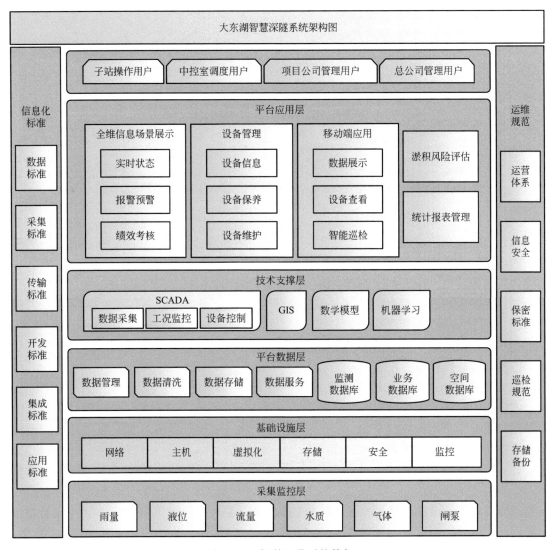

图 4.1-1　智慧运营系统构架

1. 全维信息功能

全维信息集成各个功能模块的核心数据，并结合 GIS 底图与预处理站三维模型，对项目信息、实时监测数据、设备运行状态、监控画面、关键生产指标、推荐调度方案等多源信息进行集成，形成统一的监控及调度入口，便于管理人员实时、动态、直观地掌握核心信息（见图 4.1-2）。此外该模块也作为整个深隧项目的对外展示平台，主要展示信息包括：

（1）淤积风险：集成淤积风险预测模块的实时计算结果，显示深隧全线各风险等级管线长度的占比；

（2）绩效考核：对深隧运行的关键绩效指标，如深隧运行负荷、流速达标率、SS 去除率等进行运算并展示；

图 4.1-2　全维信息界面

（3）监测信息：对传感器的监测数据，如预处理站流量、竖井液位、深隧流量等实时监测数据进行统计、分析与展示；

（4）视频监控：接入各预处理站内的视频监控画面；

（5）关键生产指标：对拦渣量、沉砂量、设备耗电量进行综合展示、跟踪、查询与分析；

（6）推荐调度指令：系统基于在线水力模型给出当前推荐的调度模式，分为雨季、旱季、清淤与检修四种核心模式。

2. 运营管理功能

该功能实时接入大东湖深隧工程中关联的预处理站运行工况数据，生产数据采集系统采集到的实时生产运行数据在 3D 工艺组态画面上动态展现，能够对实时数据的超标和设备故障进行报警展示，超限数据自动标注。实时监测到的流量、液位等水力、水质数据，则结合 GIS 进行滚动展示。

3. 调度管理功能

调度管理模块借助深隧与预处理站的监测数据，依托专业的管网数学模型进行水力与水质的模拟计算。调度方案的模拟计算主要使用水力模型，水力模型采用 SWMM 搭建，并对 SWMM 的水质模块进行二次开发，增加淤积模拟功能，基于 SS 浓度、流速与模拟得到淤积厚度，对深隧的淤积风险进行整体评估，并制订调度方案。

4. 设备管理功能

深隧系统的运行依赖于泵站与预处理站各项设备的稳定运行，项目设备管理与巡检模块能够实时掌握设备的最新属性信息，制订设备养护和维修计划，并通过工单派发、巡检任务管理和排班功能及时对设备进行维护保养，以保证基础的采集监控数据来源可靠稳定。

5. 视频管理功能

视频管理模块对接入系统的各预处理站的监控视频进行管理，便于管理者在各个摄像头之间切换，并可查询历史记录与抓拍照片。

6. 数据管理功能

数据管理主要对系统存在的所有数据项，进行多个维度的数据检索，实现各类数据的趋势对比、同期对比、单位对比、占比分析、横向对比、纵向对比、数据计算、数据统计、数据专题分析等。

7. 系统管理功能

系统管理的主要目标是建立系统权限管理，按照部门分级与用户角色对权限进行分配。

4.1.2 压力流隧道分层流量监测技术

4.1.2.1 分层流速在线监测方法研究

为判断深隧内污水流速是否满足 0.65m/s 的最低设计流速要求，同时为深隧在线水力模型提供校准条件，并为深隧淤积风险评估模型提供输入参数，需在深隧管段设置流量计，实时监测流速、流量、液位等数据。考虑到大东湖深隧管径较大，可达到 3m 以上，其靠近管壁部分流速与中心流速之间有较大差距，故需要同时监测断面多层流速。

根据深隧精细化管理的要求，不仅要同时监测瞬时流速、瞬时流量、液位、水温和累计流量等数据，还对测量精度和周期提出了更高的要求，目前在国内还没有可借鉴的案例。通过对管网监测流量计的调研，总结适用于地下管网流量测量的流量计主要有超声波流量计、电磁流量计和雷达流量计等。超声波流量计又分为超声波互相关流量计、超声波多普勒流量计和超声波时差法流量计。各类流量计的优缺点及适用条件如表 4.1-1 所示。

不同流量计测量方法的比较 表 4.1-1

项目	超声波互相关流量计	超声波多普勒流量计	超声波时差法流量计	电磁流量计	雷达流量计
流速传感器种类	脉冲超声波，1MHz	连续多普勒，1MHz	超声波时间差法，1MHz	电磁流量计	雷达多普勒，24GHz
流速传感器扫描层数	16 层，直接测量过流断面流速	点流速，用数学模型拟合过流断面流速	与测量通道有关，最多 32 通道	切割磁力线	表面点流速，用数学模型拟合过流断面流速
流速测量范围	$-1\sim6$m/s	$0.1\sim6$m/s	$-20\sim20$m/s	$0.5\sim10$m/s	$0.15\sim10$m/s
流量的测量不准确性	测量值的 ±(1~3)%	受液位和前后平直段影响，通常为测量值的±15%以上，甚至更高	2组4个传感器，在前后平直段足够时，流量测量误差＜5%，仅能监测满管状态	受流速的影响很大，通常在 2m/s 的范围内测量精度较高，流速降低后测量误差会大幅度增加，且仅能监测满管状态	表面流速为测量值的±0.5%，流量误差比较大，仅能监测非满管状态
耐压程度	4bar	1bar	6bar	6bar	水面上安装
是否需要定期校正	绝对零度漂移，测量真实流量，不需要校正	流速值为计算结果，需要定期校正	不需要校正	定期校正	需要校正
适用水质	污水、含杂质和气泡的水	污水、含杂质和气泡的水	干净或略微污染的水	电导率＞5μS的液体	不受水质的影响

考虑到大东湖深隧排水系统的最大埋深为地下 50m 左右，为压力流满管运行，压力

达到 4bar 以上，流量监测对象为污水，且实际运行中有一定可能性会在满管与非满管状态间切换，因此电磁流量计、雷达流量计和超声波时差法流量计均不适合，仅能采用其他超声波测量技术。其中，超声波多普勒流量计向水中发射连续超声波，遇到水中颗粒后反射，导致流量计接收到的反射波频率发生变化，超声波多普勒流量计将记录这个频率的变化值，并根据多普勒效应计算出颗粒的运动速度，从而得出该点流速。但基于深隧测量场景，超声波多普勒流量计具有以下的不适用性：

（1）测量得到的流速实际为点流速，而非断面流速，对于管道粗糙度较大的管段，其靠近管壁部分的流速与平均流速之间有较大差别，对于实际产生冲淤效果的流速判断不准；

（2）需要稳定的流场条件，深隧流量计安装位置往往受限于电缆长度，安装于竖井附近，流场条件较为复杂；

（3）需要定期校正，通过比较测量进行校准，在深隧通水后难以进行定期校正工作。

超声波互相关流量计的流速测量方法同样基于超声波反射原理（见图 4.1-3），但其记录并比较的值为颗粒的移动图像而非变化频率。工作时，流量计传感器发射固定角度的超声波脉冲，扫描污水中的反射物（微小颗粒、矿物或气泡），将得到的回波保存为图像或回波模式，间隔几毫秒后，接着进行第二次扫描，产生的回波图像或模式也被保存。由于反射物随污水介质在同步移动，通过比较前后两个相似图像或模式之间的相互关系可以识别反射物的位置，以此来检测和计算流速。基于该测量原理，考虑到超声波的光束角度和脉冲重复率，通过空间分配最多可以直接测量流体中的 16 层微小颗粒的速度，从而直接计算得到高精度的管道断面多层（16 层）流速。

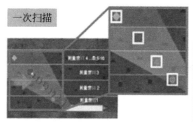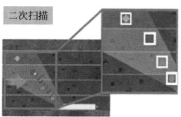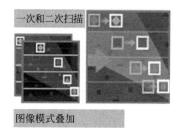

图 4.1-3　超声波互相关流量计的测量原理

同时，超声波互相关流量计基于最新的水力模型，系统计算了一个密集的测量网络，从单个测量点位出发覆盖整个流体横截面，相比超声波多普勒流量计具有如下特点：

（1）具有经过科学流量测量的、渠道专用的实时流体数学模型；

（2）靠近壁面和水平速度分布的流速计算；

（3）速度积分覆盖整个断面，最多可以测量 16 层流速；

（4）无需校准。

通过以上比较，超声波互相关流量计能够基于流体数学模型，建立覆盖整个断面的计算网格，从而得到整个断面的流速分布情况，对研究深隧淤积与流速之间的关系提供新的方法手段，且其无需校准的特点也更适合于深隧这样的特殊场景。

4.1.2.2　监测布点方案设计

考虑深隧完工后仅保留 7 座竖井，流量计采集到的数据需要通过有线的方式传输至地面远传设备，此外考虑管径变化、安装条件、入流条件，最终选择在 4 个关键竖井附近设置流量监测点（见图 4.1-4，表 4.1-2），每个监测断面处在不同角度安装 3 个传感器探头。

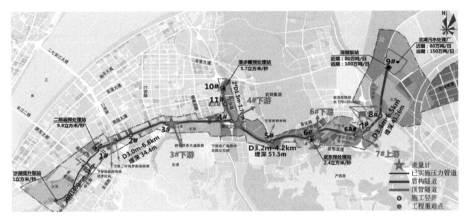

图 4.1-4　深隧流量计布设点位

流量计安装位置　　　　　　　　　　　　　　　　　表 4.1-2

流量计安装竖井	安装方位	安装管径/m	安装角度
3 号井	下游	3.2	$180°/30°/-30°$
4 号井	下游	3.4	$180°/30°/-30°$
6 号井	下游	3.4	$180°/30°/-30°$
7 号井	上游	3.4	$180°/30°/-30°$

4.1.2.3　流量监测设备安装方案设计

在每个点位安装一套流量计相关设备，单套流量计安装组件包括 3 个互相关流速传感器（安装于 180°、30° 和 −30°）、300m 电缆、安装附件及 1 个电控柜等。其中，每个断面安装 3 个互相关流速传感器探头用于测量剖面流速分布，其中安装于 180° 的探头可满足满管流量测量，同时用于流速与淤积界面的测量；安装于 30° 与 −30° 的探头可用于非满管条件下的流速测量，且与顶部探头形成监测网格，其 16 层流速测量网格如图 4.1-5 所示；变送器在地面电控柜内安装，可连接 3 个流速传感器。电缆材质为 PPO＋PEEK，安装附件为不锈钢 1.4571，均可耐污水腐蚀。

深隧设备安装难度大，安装方式需选择长期稳定固定的方式，且安装后密封防水性高，安装过程需具备对管道破坏程度低，安装时间灵活、配合深隧自身施工进程等。基于以上限制条件，深隧流量计采用化学螺栓固定安装的方式，由竖井向内布线 40m 确定传感器位置，传感器沿管壁共布设 3 个探头，安装示意图如图 4.1-6 所示，其中，正顶部安装一个传感器探头，超声波垂直向下发射，在满管的水力状态下，可同时用于监测流量与泥水界面的位置；左右 30° 位置各安装一个传感器探头，垂直向上发射超声波，用于流量监测；3 处传感器探头监测的数据互为校准，使监测数据的准确性得到极大提升，同时避免未来的频繁校准维护问题。

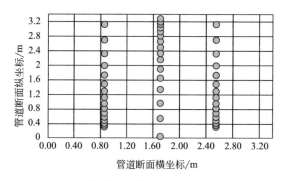

图 4.1-5　深隧管道断面 16 层流速监测点位

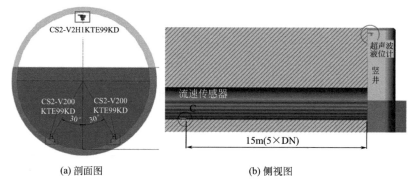

(a) 剖面图　　　　　　　　(b) 侧视图

图 4.1-6　深隧互相关流量计安装示意图

　　安装过程中，在每个传感器探头确定的固定孔位分别打 4 个孔，并用化学螺栓固定安装附件，将传感器探头安装于附件之上，保证探头与地面水平；用扎带将三根信号电缆捆绑，汇合于深隧管壁右侧 45°位置，从深隧内部延伸至井口处；考虑竖井处有湍流或汇水，对竖井冲击力较大，因此从竖井处开始，三根传感器电缆外部用钢管保护，在竖井浇筑前穿过竖井井壁，从外壁引入地面，最大程度地避免对井体结构的影响，现场安装整体效果如图 4.1-7 所示。深隧施工结束后，最终传感器及其保护套管将浇筑至竖井管壁混凝土内，保证其稳定性。

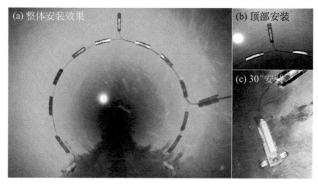

图 4.1-7　现场安装整体效果

4.1.3 污水隧道淤积风险评估与预测预警技术

4.1.3.1 深隧模型构建

深隧水力模型是水量预测、淤积风险模拟预测与调度方案模拟的基础，在本项目中采用 SWMM（Storm Water Management Model，暴雨洪水管理模型）搭建基础水力模型。在本项目中，因项目范围限制不涉及上游管网与地块，因此不采用模型的水文模块，仅采用水力模型与水质模型，其中水质模型中，仅建立 SS 对流扩散模型，为淤积风险模拟做好前期基础。

1. 水力模型

大东湖深隧管道内水动力状态符合一维圣维南方程的假设，可以使用一维管网水力模型进行模拟，根据深隧管线的节点坐标、高程、坡度等信息搭建 SWMM 模型，模型管道总长 19.2km。其中，以二郎庙预处理站、落步嘴预处理站为模型入流边界，以末端泵站为出流边界。管道曼尼系数设定为 0.014，时间步长设定为 5s（见图 4.1-8）。

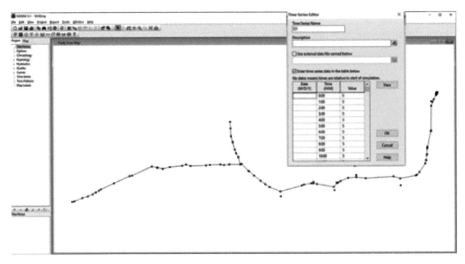

图 4.1-8 深隧模型

2. 淤积模型

淤积模型将淤积过程分为沉积与冲刷两个过程，其沉积过程可按以下公式计算：

$$M_s(t) = M_{\max}[v \times (t - t_0)/h]$$

式中，$M_s(t)$ 为沉积物在时间 t 时的沉积质量，kg；t 为沉积时间，s；$M_{\max}$ 为沉积物的最大沉积量，kg；v 为淤积速度，m/s；h 为水深，m；t_0 为沉积物体积为 0 时的时刻。

冲刷再悬浮过程计算方式如下：

$$M_w(t) = k(v) \times M_s(t)$$

式中，$M_w(t)$ 为沉积物在时间 t 时被冲刷的质量，kg；$M_s(t)$ 为沉积物在时间 t 时的沉积量，kg；t 为沉积时间，s；$k(v)$ 为冲刷系数，由与流速 v 有关的曲线决定，该曲线后期将根据实际监测数据进行校正。

最终沉积物体积的计算公式为：

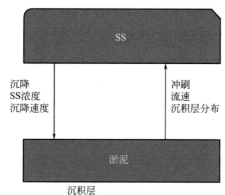

图 4.1-9 淤积形成过程

$$V(t) = [M_s(t) - M_w(t)]/\rho$$

式中，$V(t)$ 为沉积物在时间 t 时的沉积体积，m^3；$M_s(t)$ 为沉积物在时间 t 时的沉积量，kg；$M_w(t)$ 为沉积物在时间 t 时被冲刷的质量，kg；ρ 为沉积物密度，kg/m^3，该值通过水下机器人采集泥样检测得到。

淤积形成过程见图 4.1-9。

4.1.3.2 水力与淤积风险预测

系统实时接入大东湖深隧工程中关联的预处理站运行工况数据，生产数据采集系统采集到的实时生产运行数据在三维工艺组态画面上动态展现，能够对实时数据的超标和设备故障进行报警展示，超限数据自动标注。实时监测到的流量、液位等水力、水质数据，则结合 GIS（Geographic Information System，地理信息系统）进行滚动展示（见图 4.1-10）。

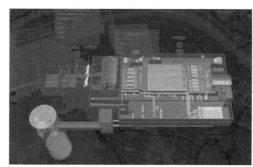
(a) 3D组态界面

(b) 实时监测数据界面

图 4.1-10 显示界面

基于在线水力模型，以二郎庙、落步嘴、武东预处理站进入深隧的实时水量与历史流量数据为输入边界条件，系统每 15min 计算未来 24h 内，沿线节点流量过程线与各竖井液位过程线，并结合 GIS 进行图像化展示，由此实现未来 24h 的水量模拟预测。

水力模型预测过程见图 4.1-11，预测结果见图 4.1-12。

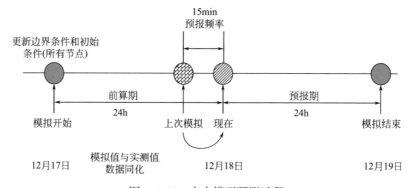

图 4.1-11 水力模型预测过程

图 4.1-12 水力模型预测结果

基于淤积模型，根据 SS 浓度、流速与模拟得到的淤积厚度三个指标，根据淤积风险权重表对淤积风险进行模拟与评估，见表 4.1-3。

淤积风险权重表

表 4.1-3

权重		淤积厚度/cm	流速/(m/s)	SS/(mg/L)
		α_1	α_2	α_3
风险等级 （低到高）	1	$<h_{s1}$	$>v_1$	$<c_{SS1}$
	2	$h_{s1}\sim h_{s2}$	$v_1\sim v_2$	$c_{SS1}\sim c_{SS2}$
	3	$h_{s2}\sim h_{s3}$	$v_2\sim v_3$	$c_{SS2}\sim c_{SS3}$
	4	$h_{s3}\sim h_{s4}$	$v_3\sim v_4$	$c_{SS3}\sim c_{SS4}$
	5	$>h_{s4}$	$<v_4$	$>c_{SS4}$

其中，h_s 为淤积厚度，cm；v 为流速，m/s；c_{SS} 为 SS 浓度，mg/L；α_1、α_2、α_3 分别为淤积厚度、流速、SS 对应的权重系数：

$$\alpha_1 + \alpha_2 + \alpha_3 = 1$$

最终风险等级计算公式如下：

$$R = \alpha_1 \times R_h + \alpha_2 \times R_v + \alpha_3 \times R_{SS}$$

式中，R 为最终风险等级；R_h 为基于淤积厚度的风险等级；R_v 为基于流速的风险等级；R_{SS} 为基于 SS 浓度的风险等级。

系统基于在线模型每 15min 进行一次淤积风险的模拟计算，将计算得到的各管段风险等级渲染为不同颜色，以绿色代表低风险，以红色代表高风险，结合 GIS 进行直观展示，使管理人员能够实时掌握各管段的淤积风险，并及时制订冲淤方案。

深隧淤积风险见图 4.1-13。

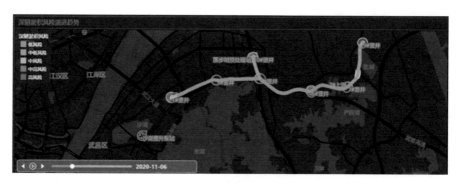

图 4.1-13　深隧淤积风险图

4.1.4　污水深隧智慧调度与管理技术

4.1.4.1　调度管理

调度管理模块基于深隧实际运行中的调度需求，按照使用场景，共设置三种调度方案模拟逻辑：常规调度方案、应急调度方案、淤积冲刷调度方案（见图 4.1-14）。

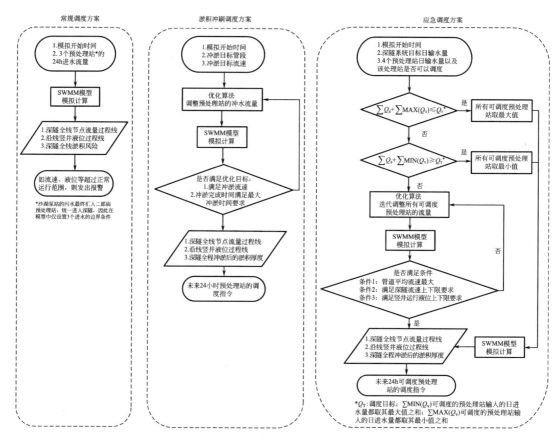

图 4.1-14　三种调度模式的调度逻辑

常规调度方案：该模式应用于日常调度，为管理人员提供"调度模拟实验室"，模拟不同进水方案对下游各竖井与末端污水处理厂带来的影响，从而调整与优化日常调度方案。

应急调度方案：该模式主要应用于下游污水处理厂工艺线检修、上游预处理站泵站检修等特殊情境，在预处理站输水量或深隧总输水量发生大幅度变化的情况下，基于优化算法与模型验证，为管理人员提供满足限制条件的最优调度方案。

淤积冲刷调度方案：该模式应用于深隧淤积风险较高时，针对特定高风险管段提高流速实现淤积冲刷的情景，系统基于优化算法与模型验证，为管理人员提供满足冲淤条件的最优调度方案。

除以上三个核心功能模块外，系统也整合了设备与巡检管理、数据管理、监控视频管理、权限管理等基础功能，满足深隧运行的所有日常管理需求，整体实现深隧运营工作的一体化管理目标。

4.1.4.2　运行场景模拟效果

根据系统实际运行中可能面临的各类应急情况，选取三种应急调度场景进行系统模拟测试：下游污水处理厂部分停水检修；上游部分区域夜间水量过小；上游降雨造成部分区域管网存在冒溢风险。

1. 下游污水处理厂部分停水检修

下游污水处理厂日处理能力为 80 万 t/d，当部分处理线停水检修时，污水处理厂日处理能力将大幅下降，在保证深隧满足设计运行条件下，上游预处理站进水需相应调整。在该情境下，设定系统"调度目标"为 40 万 t/d，3 个预处理站和 1 个提升泵站均保持可调度状态。

2. 上游部分区域夜间水量过小

当上游区域夜间污水流量降低，将造成该区域预处理站泵前液位过低，则该区域预处理站进水泵站需暂时关闭，通过调整其他预处理站提升水量来弥补该区域水量缺失，以保障下游污水处理厂进水稳定。在该情境下，设定系统"调度目标"为 80 万 t/d 作为全天调度目标，设定沙湖预处理站不可调度，且进水量设定为 0。本项目中，沙湖预处理站汇水面积为 $16.9km^2$，而其他三个预处理站汇水面积为 $113.45km^2$，上游管网保留充足的调蓄容积，实际可分担沙湖预处理站短时缺失的水量。

3. 上游降雨造成部分区域管网存在冒溢风险

当上游区域降雨带来合流制污水激增，将造成该区域预处理站泵前液位过高，使上游管网水位过高，带来污水冒溢的风险，因此需要该预处理站提升进水流量，并保持适当时间直至水位降低，为满足污水处理厂处理能力要求，其他预处理站进水量应相应调整。在该情境下，考虑到深隧全程及污水处理厂前均无溢流条件，雨季如深隧传输污水量超过 80 万 t/d，污水处理厂无法容纳超量污水且无溢流通道，因此设定系统"调度目标"为 80 万 t/d，设定二郎庙预处理站不可调度，且进水量设定为 80 万 t/d。

调度方案结果主要分为三部分：调度水量分配，24h 调度流量指令，24h 模拟过程线。其中调度水量分配可查看系统为各预处理站分配的全天调度总水量；24h 调度流量指令可查看对各个预处理站未来 24h 内，每小时输水流量的建议调度方案，该小时流量作为调度指令可发送给预处理站管理人员，由管理人员调控 PLC（Programmable Logic Controller，可编程逻辑控制器）调整变频泵达到该目标流量；24h 模拟过程线可模拟在执行该调度指令后深隧节点的水位与流量变化。

以情景"下游污水处理厂部分停水检修"为例，当下游北湖污水处理厂全体调度水量缩减至 40 万 t 后，系统将缩减的水量按各预处理站处理能力进行分配，沙湖服务人口最少仅为 33.29 万，其承担的水量也最少为 2.18 万 t，相应的泵站调度方案的小时流量也最低为 $0.25m^3/s$；而二郎庙服务人口最多为 81.79 万，其提升泵站设计能力也最高为 $9.8m^3/s$，因此其承担的传输水量最多为 21.25 万 t。24h 模拟过程线以下游 6 号井的流量与液位为例，其流量在经历 30min 的进水后由 $6.58m^3/s$ 下降至 $6.08m^3/s$，并保持在 $6.08m^3/s$ 直至 24h 模拟结束后，液位同样保持由 30.03m 上升至 30.65m 并保持不变，24h 模拟结束后系统默认所有泵站停止运行，深隧流量逐渐下降为 0，深隧液位逐渐回落并保持不变。从模拟结果来看，各预处理站水量均不超过预处理站设计上下限，且分配水量与各预处理站处理能力相匹配；调度方案的进水小时流量 24h 保持稳定，且不超过设计流量上限，该稳定进水方式与深隧实际运行要求一致。由于 24h 调度流量指令保持稳定，由此带来的深隧流量与竖井液位也保持相对稳定。但缺乏对上游汇水片区实际来水量的考虑，实际运行期间可能会受上游片区来水量的影响而无法满足稳定流量进水的要求，因此待后期获取上游管网与下垫面数据后，对系统模型进行进一步扩充，可对上游片区来水水量进行模拟预测，则可进一步调整调度指令，使其更贴近实际运行的水量波动。

应急调度方案模拟结果见表 4.1-4。

应急调度方案模拟结果 表 4.1-4

模拟情景	下游污水处理厂部分停水检修［总水量（万 t）/小时流量（m^3/s）］	上游部分区域夜间水量过小［总水量（万 t）/小时流量（m^3/s）］	上游降雨造成部分区域管网存在冒溢风险［总水量（万 t）/小时流量（m^3/s）］	设计水量上限［总水量（万 t）/小时流量（m^3/s）］
沙湖提升泵站	2.18/0.25	0/0	0/0	8.64/1.0
二郎庙预处理站	21.25/2.46	60/6.94	60/6.94	84.67/9.8
落步嘴预处理站	16.41/1.9	17.5/2.03	15/1.74	49.25/5.7
武东预处理站	2.34/0.27	2.5/0.29	5/0.58	20.74/2.4

综上所述，在系统发生检修、暴雨等应急情境下，能够提供未来 24h 的调度方案，该种调度模式能够适应可预见的系统变化，可根据全天进水量需求来指导小时流量的调整。

4.2 结构健康监测系统

4.2.1 结构健康监测系统方案

4.2.1.1 系统组成

污水深隧健康监测系统包括监测硬件和管理平台，整体架构设计如图 4.2-1 所示。

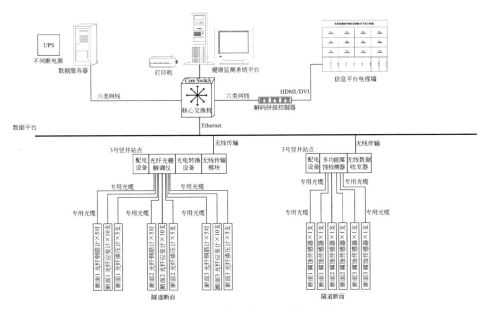

图 4.2-1　结构健康监测系统架构图

4.2.1.2 功能介绍

结构健康监测系统主要包含监测数据处理与分析、预警管理、三维可视化（智慧大屏）三大模块，实现隧道结构的运营期自动健康监测、自动预警预报和监测数据及预警信息的三维可视化，以识患避险，预警防灾，平台架构图如图 4.2-2 所示。

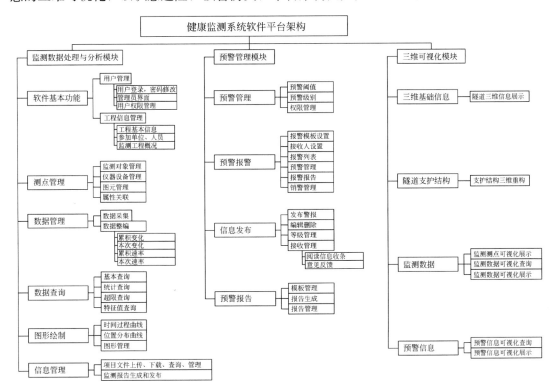

图 4.2-2　健康监测系统软件平台架构图

1. 监测数据处理与分析模块

用户管理：根据大东湖深隧工程特点分角色设定用户权限和管理员界面，具备包括系统登录、验证、修改密码、用户权限管理和管理员界面等功能。

工程信息管理：基于污水深隧运行和监测特点，设定参建单位、人员、监测概况等。监测工程概况具体包括监测基本信息、监测对象、仪器设备、控制标准等信息管理。

测点管理：基于健康监测数据获取流程，建立多种属性对象来描述监测对象之间的从属或层次关系，从而新建和管理测点。针对项目对象、仪器设备，可进行查看、新添、修改和删除。根据不同类型数据，设置整编标准。同时，可对监测对象、图元管理、仪器设备等进行属性关联、添加、删改等操作，实现监测点与监测设计及 CAD 图件的关联。

数据管理：主要对各个测点数据进行采集和整编处理，并计算相应的结构数值，包括数据库开发和软件功能。该功能模块所整编的数据应符合隧道结构的受力和变形特点，突出关键物理参量，相关整编符合现行国家规范和行业惯例。

数据查询：针对结构健康监测数据的特点，查询其关键信息，数据查询主要包括基本查询、统计查询、超限查询、特征查询等功能。

图形绘制：形成应力、应变、腐蚀程度、渗压等过程时间曲线、分布曲线、加速度曲线、附加曲线等。

曲线-数据智能预测：根据污水隧道结构受力特点和监测数据的变化特征，构建数据的预测模型，预测若干天内的数据趋势，并绘制预测曲线。数据智能预测功能具备数据常规模型预测、智能预测、曲线绘制及预测误差分析功能。

报文管理信息发布管理：具有项目文件的上传、下载、查询、管理等功能。可生成日报、周报等监测报告及监测信息并针对不同人员范围进行发布，将已有数据生成日报、周报等监测报告，并进行分类管理，其中包含报告模板新增、修改、删除、下载、查询等操作。

2. 预警管理模块

预警管理：基于污水深隧结构健康特征指标，研究确定各监测指标的阈值及等级，根据不同物理量对结构健康的影响程度，分析确定监测物理量超过阈值时的报警预警逻辑和级别，建立分级预警制度。相关阈值的确定应符合结构受力变形的机理，符合现行国家标准，具有借鉴和指导意义。

预警报警管理：预警报警主要包括报警模板设置、接收人设置、报警列表、预警管理、报警报告、销警管理。

结构安全评价：综合影响运营期结构安全的主要影响因素，形成污水深隧结构安全评价方法和三级评价体系。优选层次分析、未知测度、多级模糊综合评判等合适的方法，建立污水深隧的结构安全评价模型，对监测断面进行安全评价。

信息发布：主要包括发布警报、编辑删除、等级管理、接收管理。

预警报告：主要包括预警报告的模板管理、报告生成、报告管理。

3. 三维可视化（智慧大屏）展示模块

智慧大屏主要用于监测信息的智能动态展示和管理（见图 4.2-3）。通过数据可视化技术，直观展示重点监测信息，如应力及腐蚀情况信息。项目运营期间，智慧大屏模块展示在前，监测数据处理与分析、预警管理和三维可视化模块支撑在后，为专业分析和数据查询提供支持。

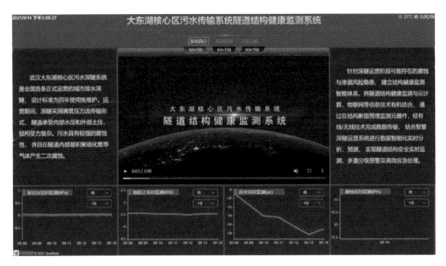

图 4.2-3　智慧大屏展示主界面

　　智慧大屏将隧道线路在地图上进行展示，并显示监测断面位置，标示隧道基本信息（如竖井、处理站厂等）。以实体三维结构展示监测断面的隧道结构及测点。隧道三维结构可放大、缩小、旋转，实现结构的三维重构和测点展示。大屏主界面将对监测数据进行实时可视化展示，具备展示各断面内每个测点时序动态曲线的功能，且直观给出监测物理量的安全级别，并展示监测结构的预警报警情况、传感器工作状态、结构安全级别，环境信息等。另外，对运营过程中的污水压力、流量等参量与隧道结构的健康状态进行关联分析，并在大屏上展示。

4.2.2　污水深隧结构健康自动化智能监测技术

4.2.2.1　监测项目与断面选取

　　对于城市长距离污水传输隧道工程，其运营安全风险相较于常规隧道更高，进行健康监测的难度也较大，主要原因在于污水隧道结构及其运行的特殊性，具体可以概括为：

　　（1）有压隧道结构受力特殊。常规隧道结构受力往往源于外部荷载，而污水隧道为有压污水流运行，除了承受隧道外地层荷载，还要承受内部水压。大东湖深隧设计满管压力流运行方式，水压最高可达 0.43MPa。对于地面大型建筑物、桥梁等荷载明确、受力直接的结构物而言，隧道外部荷载的变化大部分必须通过地层才能反映到隧道结构上；对于污水隧道而言，还要额外考虑内部污水压力的变化，地层对荷载和内部压力的变化或转移是监测重点。

　　污水深隧结构特点见图 4.2-4。

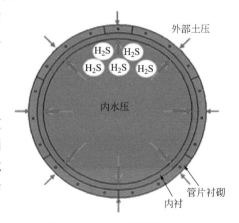

图 4.2-4　污水深隧结构特点

（2）混凝土发生腐蚀，造成结构损伤。另外，对于采用压力流满管运行方式的深隧，污水内含有的厌氧型微生物利用淤积在隧道内的有机质经氧化还原反应生成 H_2S 气体，这些 H_2S 气体将积聚在隧道顶部空间，并继续反应生成 H_2SO_4 腐蚀支护结构，严重影响隧道长期稳定性，威胁运行安全。

（3）运营期间不具备进隧检修条件。污水隧道建成运行之后，由于承担城市污水运输任务，运输量大，往往不具备排空条件，因此无法实现人工检修，而现有的无人远程检修技术仍无法实现隧道内带水作业。健康监测系统的设备布置需与结构施工同步进行，测点预埋在隧道结构内，由于长期在水下腐蚀环境内工作，因此对传感器耐久性、可靠性及安装工艺要求较高。

开展污水隧道健康监测时，不仅要兼容常规隧道的风险特征，关注隧道衬砌劣损和渗水情况，对混凝土应力/应变、钢筋内力等指标进行监测，还需根据污水隧道运营特点增加监测项目。大东湖污水深隧由于运营期始终保持有压污水输送，常规的对沉降变形的监测不易开展。深隧运输介质为经过预处理的城市污水，水体中仍含有大量的 Cl^-、SO_4^{2-}、Mg^{2+} 等盐类以及微生物等物质，具有较强的腐蚀性。因此，需要额外针对隧道结构腐蚀情况进行监测。综上考虑，本项目确定了包括混凝土应变、钢筋应力、渗透压力以及钢筋混凝土腐蚀在内的污水隧道健康监测项目。

选取监测断面时要兼顾断面的代表性与一般性，既要考虑地面重要建筑物、典型地质条件以及荷载条件等对隧道结构安全状况的影响，同时也要考虑监测系统布置的难易程度，对隧道结构安全的潜在影响以及系统成本等因素。通过对污水深隧全线地表及地层条件分析，得到隧道主要安全风险点分布情况，如图 4.2-5 和表 4.2-1 所示。

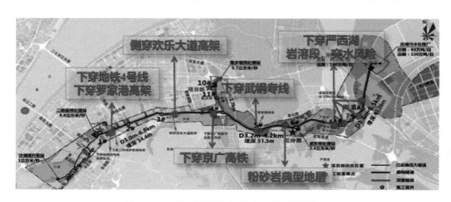

图 4.2-5　污水深隧全线主要安全风险点

深隧全线风险点参数　　　　　　　　　　　　　　　　　　　　表 4.2-1

序号	风险特点	地层条件	隧道平均埋深/m	与最近竖井相距/m
1	下穿地铁 4 号线	中风化泥质粉砂岩、强风化泥质细粉砂岩	26	800
2	下穿罗家港高架	中风化泥质细粉砂岩、强风化泥质细粉砂岩	27.5	1060
3	典型地质条件	中风化含钙泥质粉砂岩、强风化含砾砂岩、强风化含钙泥质粉砂岩	33	160

续表

序号	风险特点	地层条件	隧道平均埋深/m	与最近竖井相距/m
4	下穿京广高铁	中风化含钙泥质粉砂岩	34	620
5	下穿武钢专线,埋深大	中风化泥质细粉砂岩	40	2030
6	岩溶段,突水风险	强风化石英砂岩、中风化灰岩	34	800

由于污水深隧在运营期间仅保留 5 座竖井供检修通风使用（分别为 1 号、3 号、4 号、6 号和 7 号竖井），其中最小区间长度超过 3km。部分风险区域，如下穿地铁、高铁地段和岩溶段等，均位于各区间中段，距离最近的竖井均超过 600m。如果在上述区域布设监测断面，将面临数据传输距离过长导致施工难度增大的问题，实际使用中信号传输衰减也较为明显，实际监测效果难以保证，并且隧道结构内部埋设的传感器以及线缆势必引起隧道结构发生改变，对结构安全产生不利影响，需要尽可能减小因健康监测系统布置对隧道结构产生的风险。另外，根据相同地质条件下地铁隧道运营经验，大东湖深隧处于长江一级阶地，隧道在穿越地层交界面区域容易发生渗水开裂。在综合考虑工程地质特点、运营工况、监测条件以及安全性的基础上，选择深隧 3 号＋150～3 号＋180m 位置开展监测，里程分别为 K3＋720、K3＋735、K3＋750。该段地层主要为中强风化砂岩，是整条隧道的典型地层，监测断面处于中、强风化砂岩的过渡区域，属于典型地层下的不利地质情况，更具代表性。断面距离竖井较近，线缆埋设距离较短，信号传输衰减较弱。

4.2.2.2　监测仪器选取

在监测系统硬件组成方面，传统机电型传感器监测技术采用有源信号传输模式，线缆多、线管粗，侵占衬砌结构，影响安全，而且传输距离受限。而光纤传感监测设备抗腐蚀、体积小、重量轻、寿命长，尤其是分布式、长距离、远程实时监控以及光纤耐久性好的特点正好弥补了传统监测技术的不足。近年来该技术在国内外岩土工程界已引起广泛重视和推广，我国的南京纬三路、纬七路长江隧道、南京扬子江隧道、厦门翔安隧道等均采用了光纤式传感器，测试信号稳定，效果较好。

为了尽可能减少传感元器件安装对隧道结构安全的影响，实现结构信息精准监测，项目采用光纤传感监测技术，采用光纤钢筋计和光纤应变计进行结构内力监测，采用光纤渗压计进行衬砌结构内部的孔隙水压力监测。由于光纤传感技术对温度更加敏感，所以光纤式传感器在安装运行时考虑温度补偿效应，以应对环境温度对传感器测量精度的影响。每个断面布设光纤钢筋计、光纤混凝土应变计各 5 对（共 20 支），布设光纤渗压计 5 支，共计 25 支光纤传感器（见图 4.2-6～图 4.2-8，表 4.2-2～表 4.2-4）。

图 4.2-6　光纤混凝土应变计

光纤混凝土应变计参数   表 4.2-2

项目名称	参数
测量范围	$\pm2000\mu\varepsilon$
光栅类型	切趾光栅
分辨率	0.1%F. S.
精度	0.3%F. S.
工作温度	$-30\sim80$ ℃
标距	200mm

图 4.2-7　光纤钢筋计

光纤钢筋计参数   表 4.2-3

项目名称	参数
量程	$0\sim210$MPa
分辨率	0.1%F. S.
精度	<1%F. S.
使用温度	$-30\sim80$ ℃

图 4.2-8　光纤渗压计

光纤渗压计参数   表 4.2-4

项目名称	参数
量程	$0.1\sim6$MPa
分辨率	0.1%F. S.
精度	<1%F. S.
使用温度	$-30\sim+80$ ℃
尺寸	$\phi31\times145$mm

　　针对污水深隧结构腐蚀情况的监测，项目采用特制多功能钢筋混凝土腐蚀传感器，监测结构内部钢筋及混凝土电阻、腐蚀速率、Cl^- 含量和 pH，从而对结构的腐蚀情况进行综合研判（见图 4.2-9，表 4.2-5）。

图 4.2-9　多功能钢筋混凝土腐蚀传感器

多功能腐蚀传感器监测参数　　　　　　　　　表 4.2-5

项目名称	量程
pH	2～14
钢筋极化电阻/($\Omega \cdot cm^2$)	$1\times10^3 \sim 1\times10^6$
腐蚀电位/V	±2
混凝土电阻率/($\Omega \cdot cm$)	1000～19000
Cl$^-$ 浓度/(mol/L)	$\geq 10^{-4}$

由于盾构隧道掘进过程管片外侧需注浆加固，管片迎土侧埋设的传感器容易失效，因此传感元器件均布设在隧道二衬内。在隧道管片拼装完成后，将光纤混凝土应变计、光纤钢筋计、光纤渗压计以及腐蚀传感器固定安装在二衬钢筋上。单个监测断面共布置传感器27 个，见图 4.2-10、图 4.2-11，表 4.2-6。

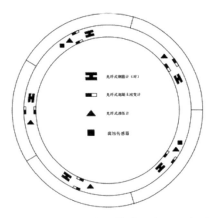

图 4.2-10　监测断面传感器布置示意图

图 4.2-11　传感元器件安装

监测元件数量表　　　　　　　　　表 4.2-6

里程	光纤式钢筋计	光纤式应变计	光纤式渗压计	腐蚀传感器
K3+720	10 支(5 对)	10 支(5 对)	5 支	2 支
K3+735	10 支(5 对)	10 支(5 对)	5 支	2 支

里程	光纤式钢筋计	光纤式应变计	光纤式渗压计	腐蚀传感器
K3+750	10 支(5 对)	10 支(5 对)	5 支	2 支

各监测断面的腐蚀传感器通过多根多芯电缆引出。光缆、电缆通过预埋在隧道二衬内部的引线管，经竖井结构内的健康监测管孔引出至地面，连接至地面的数据采集单元。地面数据采集设备主要由光纤光栅调试解调仪、腐蚀传感器采集仪及配套供电、转换及无线传输等设备组成。光纤光栅调试解调仪及腐蚀传感器采集仪对数据进行采集、读取、分析、转换。数据完成后通过无线传输设备将数据上传至中控室的数据存储中心进行存储和进一步的分析处理（见图 4.2-12）。

图 4.2-12　地表数据采集及传输设备安装

4.2.3　深隧结构安全预警与综合评价技术

4.2.3.1　深隧结构安全预警技术

土木工程结构发生重大事故前都会有预兆，这些预兆均会在健康监测系统监测数据中得到反映。通过预先确定和设置结构健康状态的监控预（报）警值，可以有效地判断结构的受力、变形以及渗漏等情况是否超限，进而判断其安全性，决定是否需要采取相应的处理措施。而预（报）警值的确定是一个复杂的过程，各个监测项目预（报）警值的确定不仅依赖于工程的实际情况、具体工况以及监测项目的重要性，同时在很大程度上还依赖于工程经验。各个监测项目报警控制值的确定应遵循以下基本原则：

（1）满足设计计算的要求，不能大于设计值；

（2）满足监测对象的安全要求，达到保护的目的；

（3）满足现行的有关规范、规程的要求；

（4）满足各保护对象的主管部门提出的要求；

（5）对于相同条件的保护对象，应该结合周围环境的要求和具体的施工情况综合确定；

（6）在保证安全的前提下，综合考虑工程质量和经济等因素，减少不必要的资金投入。

为了对城市污水深隧结构健康状态进行准确的判断和评价，需针对各项监测项目制定相应的安全标准，通过监测各指标的数值变化，对隧道的健康状况进行及时的诊断，并根据诊断结果利用智慧深隧平台或深隧水下机器人等采取合适的措施，进行结构修复。获得各指标科学合理的安全性评价标准可以保证隧道健康状况评判的准确性和可靠性，安全性评价标准可以通过国内外相关规范标准、理论分析、现场实测资料统计以及专家经验等获得。

污水深隧安全性评价标准内容包括钢筋应力、混凝土应变、渗透压力和腐蚀指标。通常情况下，盾构隧道健康监测预警采用三级报警制度：

第Ⅰ级为"绿色区"，该区域内各项监测指标均在正常范围内，结构的安全富裕度较高，结构安全有保证，为Ⅰ级安全状态。"绿色区"应力、应变的范围为报警控制值的0～50%。

第Ⅱ级为"黄色区"，应力、变形等测点中部分达到这一水平后，系统自动在监控中心操作平台上提示。该区域内各项监测指标均在设计范围内，但结构的安全富裕度一般，结构失效的可能性较低，结构处于Ⅱ级预警状态，此时应加强监测频率，并控制入流污水压力。"黄色区"应力、应变范围为报警控制值的50%～70%。

第Ⅲ级为"红色区"，亦称为危急报警区域，当结构应力、应变值达到该区域设定值之后，系统将自动在监控中心操作平台发出报警。该区域内各项指标已经接近设计值，结构在长期作用下可能失效，结构处于Ⅲ级报警状态。此时应加强监测频率，对结构损伤部位进行多次、连续的评估分析，并应用隧道安全综合评价方法对结构状况做出综合评价，同时迅速利用其他水下检测工具，会同专家一起做进一步检查，经研究和分析后决定是否限制污水入隧量或采取其他措施进行修复。"红色区"的应力、应变的范围为报警控制值的70%～100%。

系统中三级区域的阈值，将在营运一段时间后通过结构分析结果，以及系统在长时间运行积累大量的数据并分析其规律后，做出适合于隧道状况变化和发展趋势的调整，更新系统设置的阈值和评估指标体系的专家打分权值。各项监测指标分级标准见表4.2-7。

污水深隧监测指标分级制度　　　　　　　　表4.2-7

类型	监测指标	绿色 Ⅰ级安全	黄色 Ⅱ级预警	红色 Ⅲ级报警
深隧结构 健康监测	钢筋计	$<0.5f_y$	$0.5\sim0.7f_y$	$>0.7f_y$
	混凝土应变	$<0.5f_l$	$0.5\sim0.7f_l$	$>0.7f_l$
	渗透压力	<15kPa	$15\sim30$kPa	>30kPa
	腐蚀指标	未锈蚀(1)	小概率锈蚀(2)	可锈蚀(3)

注：f_y为钢筋设计屈服强度值；f_l为混凝土结构极限应变值。

1. 钢筋应力报警控制值

污水深隧衬砌结构采用HPB300和HRB400型钢筋，其设计屈服强度值按照两种钢筋的最小值取值。HPB300钢筋的设计屈服强度为300MPa，直径10mm。考虑钢筋施工过程中产生的额外应力影响，钢筋屈服强度按照270MPa计算，得到对应的钢筋拉力为102.5kN。钢筋计设计拉力按照100kN控制。

通过对武汉长江隧道钢筋计实测数据分析，预埋在隧道结构内部的钢筋计测得应力数值分布在−20～15kN，其最大数值为设计值的20%，结构安全冗余度较为合理，因此污水深隧结构内钢筋的报警控制值设为100kN。针对分级预警区间设置，Ⅰ级安全状态为小于50kN范围，Ⅱ级预警状态为50～70kN范围，Ⅲ级报警状态为70～100kN。

2. 混凝土应变预警区间

通常情况下，当一般的混凝土应变超过0.4％时其表面将产生裂缝，造成混凝土强度降低，结构损伤，因此常规混凝土结构的应变报警控制值多为$400\mu\varepsilon$，即长度的0.4％。参考南京扬子江过江隧道、武汉长江隧道等工程中的混凝土结构应变监测数据，大型水下隧道混凝土应变值分布在$-240\sim50\mu\varepsilon$。考虑到污水隧道对于结构完整度要求较高，一旦混凝土表面出现裂缝，在内水压的作用下将发生较为严重的渗漏，因此应变报警控制值需根据实际监测情况适当减小，初步将控制值设定为$300\mu\varepsilon$，即应变的0.3％。此时，Ⅰ级安全状态区间为$0\sim150\mu\varepsilon$，Ⅱ级预警状态区间为$150\sim210\mu\varepsilon$，Ⅲ级报警状态区间为$210\sim300\mu\varepsilon$。

3. 渗透压阈值

由于设置健康监测断面的隧道区间处于中、强风化砂岩层，属于低渗透性岩层。隧道运营期间结构承受的渗透压力主要源自内部污水，压力值一般不超过300kPa。根据过江隧道工程实测数据曲线，在安全情况下，实测值一般不超过外部水压的10％。因此，渗透压指标的报警控制值设置为30kPa，当渗透压力超过该值时，可认为隧道结构发生破损，污水进入二衬。

对于预警区间设置，Ⅰ级安全状态下阈值按照报警控制值的5％计算，为15kPa；Ⅱ级预警状态阈值为安全状态的2倍，为30kPa；Ⅲ级报警状态取值范围为大于30kPa。

4. 腐蚀指标

多功能腐蚀传感器监测内容包括钢筋极化电位与混凝土电阻率、腐蚀速率、pH、Cl^-浓度。根据相关工程经验，钢筋极化电位和混凝土腐蚀速率为判断结构腐蚀情况的重要指标。

（1）钢筋极化电位

钢筋极化电位是判断钢筋腐蚀状况的关键指标。《建筑结构检测技术标准》GB/T 50344中，当混凝土结构中钢筋电位阈值小于$-200mV$时，腐蚀概率大于5％。污水隧道运输介质腐蚀性强，结构受侵蚀的风险较高，运营期间隧道结构应严格控制腐蚀，当腐蚀概率大于5％时，是不能接受的，因此钢筋极化电位报警控制值至少应在$-200mV$以上，见表4.2-8。

《建筑结构检测技术标准》钢筋电位与腐蚀情况分级 表4.2-8

序号	钢筋电位/mV	腐蚀状况
1	$-500\sim-350$	腐蚀概率95％
2	$-350\sim-200$	腐蚀概率50％
3	-200 以上	腐蚀概率5％

针对本项目中的隧道运营状态特点，应相较于规范提高指标要求，因此拟设定的腐蚀阈值为$-140mV$。分级预警指标中Ⅰ级安全状态范围为小于电位报警控制值的50％，Ⅱ级预警状态为控制值的50％～70％，Ⅲ级报警状态按照大于70％控制值设置，见表4.2-9。

腐蚀指标	绿色 Ⅰ级安全	黄色 Ⅱ级预警	红色 Ⅲ级报警
钢筋极化电位/mV	≥-100	$-140\sim-100$	≤-140

（2）腐蚀速率

腐蚀速率可以表征钢筋的腐蚀状态，判断钢筋混凝土保护层出现损伤的年限，是判断腐蚀情况的关键指标。根据《建筑结构检测技术标准》GB/T 50344，腐蚀速率的阈值取 $0.2\mu A/cm^2$，即此状态下钢筋处于钝化状态，钢筋混凝土构件保护层较为稳定，因此报警控制值设为 $0.2\mu A/cm^2$，见表 4.2-10。

钢筋锈蚀速率和构件保护层出现损伤年数判别   表 4. 2-10

序号	锈蚀电流/($\mu A/cm^2$)	锈蚀速率	构件保护层出现损伤年数/年
1	<0.2	钝化状态	—
2	$0.2\sim0.5$	低锈蚀速率	>15
3	$0.5\sim1.0$	中等锈蚀速率	$10\sim15$
4	$1.0\sim10$	高锈蚀速率	$2\sim10$
5	>10	极高锈蚀速率	<2

Ⅰ级安全状态按照腐蚀速率报警控制值的 50%，Ⅱ级预警状态为控制值的 50%～70%，Ⅲ级报警状态按照大于 70% 控制值设置，见表 4.2-11。

腐蚀速率指标分级标准   表 4. 2-11

腐蚀指标	绿色 Ⅰ级安全	黄色 Ⅱ级预警	红色 Ⅲ级报警
锈蚀电流/($\mu A/cm^2$)	≤0.1	$(0.1,0.14]$	>0.14

（3）混凝土电阻率

混凝土电阻率可作为判断结构腐蚀情况的综合指标。根据《建筑结构检测技术标准》GB/T 50344，当混凝土电阻率大于 $100k\Omega\cdot m$ 时，构件内部钢筋被保护得较好，不会发生锈蚀，见表 4.2-12。

钢筋锈蚀状态判别标准   表 4. 2-12

序号	混凝土电阻率/($k\Omega\cdot m$)	钢筋锈蚀状态
1	>100	钢筋不会被锈蚀
2	$50\sim100$	低锈蚀速率
3	$10\sim50$	钢筋活化时，可出现中高锈蚀速率
4	<10	电阻率不是锈蚀的控制因素

由于污水深隧结构以及运行工况特殊，因此可适当提高控制标准。混凝土电阻率报警控制值按照 $200k\Omega\cdot m$ 设置，其中Ⅰ级安全状态按照控制值的 1.5 倍取值，Ⅱ预警状态级

别为控制值的 1.2～1.5 倍，Ⅲ 级报警状态按照小于控制值的 1.2 倍设置，见表 4.2-13。

混凝土电阻率指标分级标准　　　　　　　　　　　　　　　　表 4.2-13

腐蚀指标	绿色 Ⅰ 级安全	黄色 Ⅱ 级预警	红色 Ⅲ 级报警
混凝土电阻率/(kΩ·m)	>300	240～300	<240

（4）pH

pH 是判断腐蚀情况的综合指标。隧道衬砌内的钢筋在混凝土浇筑时由于水泥水化效应会形成 pH≥12 的碱性环境，钢筋将发生阳极钝化，在其表面生成一层以铁氧化物为主要成分的致密钝化膜。无外界干扰时，钝化膜将保护钢筋内部不被侵蚀。当混凝土受外界酸性物质侵蚀后，pH 降低，造成钝化膜被破坏。当 pH 小于 10 时，钢筋表面的抗腐蚀钝化膜开始破坏。

混凝土浇筑后，实测 pH 在 12 左右，钢筋可形成钝化膜。因此 pH 监测报警控制值可设置为 10，Ⅰ 级安全状态为 pH 大于 12，Ⅱ 预警状态级别 pH 为 10～11，Ⅲ 级报警状态 pH 为小于 10，见表 4.2-14。

pH 监测指标分级标准　　　　　　　　　　　　　　　　表 4.2-14

腐蚀指标	绿色 Ⅰ 级安全	黄色 Ⅱ 级预警	红色 Ⅲ 级报警
pH	≥11	[10,11)	<10

（5）Cl⁻ 浓度

Cl⁻ 浓度是判断腐蚀情况的参考指标。当混凝土受外界 Cl⁻ 侵入后，局部区域发生酸化，使得 pH 降低，造成钝化膜被破坏，并且当 Cl⁻ 浓度达到一定值后，混凝土孔隙液体中的 OH^- 和 O^{2-} 被替换，从而抑制了钢筋表面钝化膜生成。另外，Cl⁻ 对钢筋的腐蚀作用涉及电化学反应。Cl⁻ 将促进以铁基体和铁氧化物为电极的原电池反应，导致钢筋不断锈蚀。《混凝土结构耐久性设计标准》GB/T 50476 中要求混凝土中 Cl⁻ 浓度不应超过 0.08%。在污水深隧二衬结构浇筑后，实测得到 Cl⁻ 浓度均值为 0.052%，小于 0.08%，个别测点 Cl⁻ 浓度达到 0.07%，未超过标准规定值。

4.2.3.2 污水深隧结构安全评价方法

我国的隧道安全评价研究始于 20 世纪后期，提出的方法有经验法、统计法和灰色预测理论评价法。近几年，研究人员基于对影响隧道运营安全的各因素的全面分析，将模糊数学、层次比较分析法、德尔菲专家法相结合，综合评价模型和隧道运营安全危险性的评价指标体系，为隧道安全设计及运营安全提供了可行的依据。

虽然国内外学者对隧道结构健康监测和安全评价已经进行了一定的研究，但研究方向侧重于养护检查和施工管理方面的评价，而且监测范围大多局限在施工期，缺少运营期隧道结构健康监测数据。在国内，虽然部分行业规范明确运营期应开展健康监测，但对监测内容、仪器、方法、精度等描述不多，实际运用的例子并不多，理论基础也不够完善，由于缺少相关工程实践，在城市污水隧道健康监测研究领域更是一片空白。

目前对于隧道结构安全性评价方法的研究还处于发展阶段，长期以来，受健康监测技术限制，研究主要集中在隧道病害的评判基准上，而评价方法不统一，对结构健康评价的研究较少。已有的隧道结构健康评价方法仍存在一定的缺陷。例如采用层次分析法确定评价指标权重过于依赖专家经验。而模糊综合评价法中定性指标隶属度的确定过于依赖主观调查，并且采用最大隶属度原则取大运算容易造成评价结果的失真等。因此，本项目采用未确知测度理论，用于城市污水深隧结构健康评价中。运用未确知测度理论建立评价指标未确知测度函数，依据置信度识别准则对施工风险等级进行评价。

未确知测度理论是由我国学者王光远教授于 1990 年提出的用来处理不确定信息和可量化分析的新方法。该方法满足"非负有界性""归一性条件"和"可加性"三个原则，且计算过程简单，意义明确，目前该理论已经广泛应用于滑坡、地下洞室、隧道等岩土工程领域中，并取得了丰富成果。该理论的基本原理为：假设待评估区段的孕险环境有 n 个影响因素，用 $X = \{X_1, X_2, \cdots, X_n\}$ 表示，并且各因素 X_i（$i=1, 2, \cdots, n$）的实际观测值用 x_i 表示。若 x_i 都有 m 个评价等级，第 k 级等级用 P_k（$k=1, 2, \cdots, m$）表示，如果评价空间为 T，则可以得到 $T = \{P_1, P_2, \cdots, P_m\}$。若第 k 级比 $k+1$ 级风险等级"低"，则记为 $P_k < P_{k+1}$。如果满足 $P_1 < P_2 < \cdots < P_m$，称 $\{P_1, P_2, \cdots, P_m\}$ 是评价空间 T 的一个有序分割类。

评估技术路线见图 4.2-13。

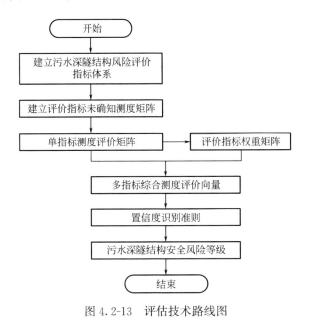

图 4.2-13　评估技术路线图

其中，评估的具体步骤包括：

1. 未确知测度函数

单指标未确知测度评价向量的确定方法是建立相应的单指标测度函数。目前，函数有线性型、指数型、抛物线型等类型。然而，无论采用何种类型的函数，都必须满足非负有界性、归一性和可加性原则。由于线性型未确知测度函数运算简单，使用广泛，本项目采用线性型未确知测度函数进行分析（见表 4.2-15）。

污水深隧风险因素和等级划分表 表 4.2-15

一级指标	二级指标	Ⅰ级	Ⅱ级	Ⅲ级
健康监测数据	钢筋应力	$<0.5f_y$	$0.5\sim0.7f_y$	$>0.7f_y$
	混凝土应变	$<0.5f_l$	$0.5\sim0.7f_l$	$>0.7f_l$
	渗透压力	$<30\text{kPa}$	$30\sim100\text{kPa}$	$>100\text{kPa}$
	腐蚀指标	未锈蚀(1)	小概率锈蚀(2)	可锈蚀(3)

首先根据污水深隧风险因素和等级划分，采用下面的线性型函数，建立评价指标的未确知测度函数。

$$\begin{cases} \mu_i(x) = \begin{cases} \dfrac{-x}{a_{i+1}-a_i} + \dfrac{a_{i+1}}{a_{i+1}-a_i}, a_i < x \leqslant a_{i+1} \\ 0, x > a_{i+1} \end{cases} \\ \mu_{i+1}(x) = \begin{cases} 0, x \leqslant a_i \\ \dfrac{x}{a_{i+1}-a_i} - \dfrac{a_i}{a_{i+1}-a_i}, a_i < x \leqslant a_{i+1} \end{cases} \end{cases}$$

式中，x 为实测值，a_i 和 a_{i+1} 为第 i 级的边界值，由评价指标的分类标准确定。线性型未知测度函数见图 4.2-14。

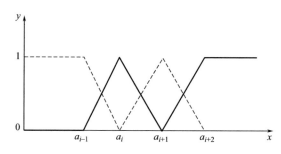

图 4.2-14　线性型未确知测度函数

2. 单指标测度评价矩阵

根据评价指标未确知测度函数和评价对象参数值建立单指标测度评价矩阵 $(\boldsymbol{\mu}_{ik})_{n\times m}$。

$$(\boldsymbol{\mu}_{ik})_{n\times m} = \begin{bmatrix} \boldsymbol{\mu}_{11} & \boldsymbol{\mu}_{12} & \cdots & \boldsymbol{\mu}_{1m} \\ \boldsymbol{\mu}_{21} & \boldsymbol{\mu}_{22} & \cdots & \boldsymbol{\mu}_{2m} \\ \vdots & \vdots & \ddots & \vdots \\ \boldsymbol{\mu}_{n1} & \boldsymbol{\mu}_{n2} & \cdots & \boldsymbol{\mu}_{nm} \end{bmatrix}$$

式中，$\boldsymbol{\mu}_{n1}$，$\boldsymbol{\mu}_{n2}$，$\cdots$，$\boldsymbol{\mu}_{nm}$ 表示评价指标的隶属向量。

3. 利用下式计算多指标综合测度评价向量

$$\mu_k = \sum_{i=1}^{n} w_i \mu_{ik}$$

4. 采用置信度识别准则对隧道结构安全进行评价

$$k_0 = \min\left\{k : \sum_{l=1}^{k} u_l \geqslant \lambda, k = 1,2,\cdots,m\right\}$$

式中，λ 为置信度（$\lambda \geqslant 0.5$），当满足上式时，则认为评价对象 R 属于第 k_0 个评价等级。

4.3 水下巡检机器人

4.3.1 高流速长距离污水深隧水下机器人设计

4.3.1.1 机器人本体结构设计

大东湖深隧水下检测机器人平台应针对大东湖污水传输系统具体工况条件进行设计，需适用于水下小直径长隧洞带流水下检测，可适应腐蚀性污水环境，能通过小尺寸大深度垂直检修竖井下放，在水下安全找到隧道入口并进入，进而完成对大埋深长距离高流速污水隧道的水下检测和清淤作业。

1. 机器人开发需求及相应限制条件

基于大东湖深隧工程特点，对深隧水下检测机器人的研制需求和关键条件进行了总结，具体如表 4.3-1 所示。

机器人研制需求与关键条件表　　　　　　表 4.3-1

序号	项目		项目相关条件及核心需求
1	机器人本体设计需求	机器人尺寸	机器人尺寸应满足 2m×2m 竖井口安全布放回收
2		耐高水压	运行时最高水深为 27.572m，事故工况下最大水压为 0.43MPa
3		耐腐蚀	大东湖深隧工程传输介质为生活污水，pH 为 5～9，污水中微生物的代谢产物可能具有腐蚀性
4		抗水流冲击	水下机器人需在高流速污水中稳定工作，隧道内设计最低流速 0.65m/s，冲刷流速 1.2m/s
5		机器人下放、回收	竖井深 32.8～51.5m，通水后最大水深 27.57m，部分竖井结构复杂，4 号竖井检修口不在隧道入口正上方
6		电力、信号通信	保证水下长距离供电稳定和无延迟通信，同时需充分考虑机器人应急回收难度
7	软件需求	软件系统接口	可将机器人在隧道内运行过程中的数据、图像等资料传输至智慧深隧运营平台
8		机器人控制系统	能对水下机器人的运动和监测进行控制，能对线缆系统进行控制，能对下放回收系统进行控制，能实时同步显示水下机器人运动状态信息
9	检测需求	机器人定位	对机器人所处位置进行定位，操作人员能识别隧道表观异常和淤积物所处位置
10		淤积及结构监测	(1)对隧道内部混凝土表面破损、冲坑、剥落、露筋、开裂、裂缝、冲蚀等缺陷，内表面附着物情况，底板磨损情况，衬砌结构体型变化进行检测和分析； (2)对隧道淤积状态及其表面颗粒物分布情况进行监测和分析

序号	项目		项目相关条件及核心需求
11	清淤需求	隧道内部淤积清理	隧道断面流速分布不均,内壁附近实际流速可能小于临界不淤流速,导致颗粒物沉降,进而产生淤积

2. 水下机器人运动模式设计

大直径管/隧道检测机器人运动模式常见的有履带式、支撑式和悬浮式三种设计(见图 4.3-1),基于大东湖工程作业需求,形成相关设计样式。需要根据作业环境和功能需求的不同,筛选合适的设计方案。表 4.3-2 对三种不同运动模式设计的特点进行了对比分析。

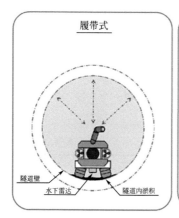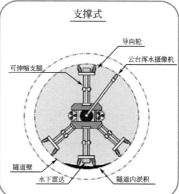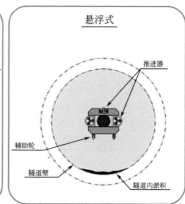

图 4.3-1 常见水下管/隧道检测机器人运动模式

水下机器人运动模式设计对比分析   表 4.3-2

类别	履带式水下机器人	支撑式水下机器人	悬浮式水下机器人
相似场景应用情况	有 3m 以上直径隧道应用案例	暂无 3m 以上直径隧道应用案例	有 3m 以上直径隧道应用案例
运动方式	运用履带贴底爬行运动,手动控制,实时检测	采用隧道内多杆式支撑机构运动	采用八个推进器全姿态运动布局方式,用脐带缆承受运动拉力,手动控制,实时浮游检测
体积、重量	为确保抓地力,重量和体积均较大,对井口布放装置要求高	需要支撑整个管壁并保持平衡,体积较大,质量较重	不需要大体积的支撑结构,体积较小,质量较轻
操控性能	依靠摩擦力在管道中移动,易操控	只需控制单自由度运动,易操控	在封闭管道中可悬浮检测,可在管壁吸附检测,易操控
检测方式	爬行检测,隧道顶端检测难度大	利用长杆伸缩云台搭载检测设备进行贴壁检测,支撑杆需要承受较大的支撑力,在隧洞内转弯比较困难	浮游检测,对隧道内壁结构无影响
稳定性	整体利用重量贴底行进,平台稳定	支撑于管道中间,与管壁碰撞风险低,但抗流能力待验证	现有技术已可实现高流速下定点悬停检测
机动性	机动性差,有侧翻风险,侧翻后很难恢复姿态,行进中通过性较好	支撑于管道中间,机动性能一般,行进中通过较高错台时相对困难	零浮力六自由度浮游布局,机动性好,行进中通过性好

续表

类别	履带式水下机器人	支撑式水下机器人	悬浮式水下机器人
运动覆盖范围	隧道底部	隧道全断面	隧道全断面
作业能力	受履带底盘影响,只能在爬行轨迹范围内作业	受支持机构影响,只能在固定轨迹范围内作业	结合水下机器人全姿态设计能够实现全范围作业
抗流能力	流速≤3m/s	流速≤2m/s	流速≤1.5m/s
水阻影响	体积大,水阻相对较大	受力面较悬浮式机器人更大,水阻相对较大	框架式结构,阻力相对较小
受缆线影响	机器人重量大,使用线缆拖行时可能会出现抗拉力不足的问题。为保证线缆抗拉力,需加装铠装外层,将导致缆轴体积变大	多支撑腿结构,需注意线缆与支撑腿发生缠绕	体积小,姿态和动力受脐带缆影响不大,现有技术水平下,其姿态容易保持
应急处理	发生意外故障时,履带式机器人存在侧翻风险,侧翻后使用线缆拖拽回收会对内壁造成一定损伤,回收难度较大	发生意外故障时,若支持机构出现卡死情况,将很难回收,使用线缆拖拽会对隧道内壁造成损伤	发生意外故障时,水下机器人可在隧洞中悬浮,不会对隧洞造成损伤,线缆拖拽回收难度较小,相对安全

由表 4.3-2 可知,悬浮式水下机器人设计具有以下技术优势:整体通过性好,应急/故障回收风险小;结构轻巧紧凑,易从小井口布放回收;全姿态控制,机动性较好,可在全断面开展检测;国内已有长隧洞检测工程案例,技术可实现性高。综上所述,根据项目条件及安全需求,选用悬浮式有缆水下检测机器人设计。

3. 机器人本体结构设计

水下机器人本体由浮力材料、主体结构框架、水下电控系统、动力推进器系统、摄像照明系统、三维环扫声呐伸缩机构、雷达密封舱体、清淤装置、传感器系统、声学检测系统、导航定位系统组成;设计尺寸为 1160mm×950mm×850mm(三维环扫声呐伸缩在机器人框架内时的最小尺寸),保证了设备在 2m×2m 检修井口的下放条件;可以实现在浑水环境下对建筑物表面细微缺陷的光学观察、实现水下定位、水下导航、避障功能、水中淤积清理设备、水下淤积情况扫描、水下三维环扫成像;软件平台预留扩展接口,可补充相关软件模块,依靠机器学习功能,实现缺陷智能识别报警、智能辅助驾驶等功能。水下机器人主体结构如图 4.3-2 所示。

图 4.3-2 水下机器人主体结构图

4.3.1.2 机器人作业流程设计

大东湖深隧水下机器人最大耐水压深度 100m,装有水下照明设备、水下摄像机、多波束声呐、三维环扫声呐、水下定位系统、水下雷达、清淤装置等,能够对水下结构进行摄像检查,结合自身的螺旋桨能够调整其以各种姿态悬浮于隧道内的任何位置。

检查过程中需形成日报,并根据实际情况和疑似风险进行复查和复检。在反馈时注明检测内容、有水下检测区域进行录像,对异常位置进行拍照检查并登记,制作异常报告,对每天检测区域进行记录,异常区域、重点关注区域进行汇总,并对作业进度和下步作业内容进行汇报。

作业流程如下：

（1）使用拖挂车将水下机器人从仓库运输至需要下水的检修竖井作业区；

（2）到达作业区后将水下机器人摆放至安全的作业位置；

（3）水下机器人连接通电进行岸上甲板模式测试；

（4）测试无问题后，断电准备水下机器人下水检测；

（5）检查时水下机器人通过专用布放回收装置从检修井布放入水，经过约40m竖井后再进入深隧主管道；

（6）布放回收装置到达竖井与主隧交汇处停止，水下机器人上电，打开相应的控制软件；通过上位机软件控制水下锁定机构解锁，这时水下机器人可以从布放装置进行释放；

（7）打开水下机器人视频观察软件，进入隧洞对待检结构物进行摄像；

（8）打开水下机器人多波束软件，对隧洞内部结构进行大范围扫描，同时可以作为导航声呐对水下机器人前进方向进行指引；

（9）若需要三维环扫采集时，打开水下机器人T2250软件，进入隧洞对隧洞内部进行三维点云数据建模扫描；

（10）若需要雷达采集时，打开水下机器人雷达软件，通过水下推进器控制机器人进行贴壁检测；

（11）若发生淤积情况时，机器人操作员操作机器人使其停下，打开清淤工具开关，控制水下机器人进行清理；

（12）若发生缺陷问题时，可以使用水下机器人软件进行问题描述标记；

（13）检测完成后水下机器人原路返回，回收装置安装有观察声呐，可以提前预警水下机器人要进入回收装置，进入后水下机器人与回收装置进行锁定，无问题后进行设备的回收；

（14）同时机器人的定位装置对缺陷进行精确定位，陆上工作人员做好记录；

（15）机器人水下检查的过程须进行全程录像，对异常部位进行重点详细录像及拍照详细检查，对异常情况进行登记，制作异常报告。

4.3.2　高流速长距离污水深隧水下机器人检测技术

4.3.2.1　复杂深竖井安全布放回收技术

大东湖深隧工程共有1、3、4、6、7（号）五座检修井可供水下机器人出入，深度在31～51.5m，其中最小检修井为3号竖井，尺寸为2.0m×2.0m，相隔最远的两座检修井之间距离约为4.18km。五座检修井中，4号检修井中部有两路支隧接入，在检修井底部设置中隔墩，主隧稍有偏移属于偏心井，如图4.3-3所示，其余各井均在隧洞上方。

为保障水下机器人安全稳定地通过全部五座检修井进出大东湖深隧，本项目设计了一种专用竖井布放回收辅助系统，以实现检测机器人在竖井内的布放安装与回收。布放回收辅助装置在垂直方向上由电动绞车通过铠装缆调控位置。它能够在竖井中通过水平浮游到达布放中需要受力

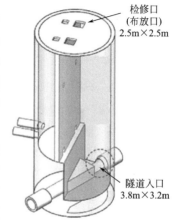

图4.3-3　4号检修井结构示意图

的建筑结构表面，依靠负压吸附装置吸附在该壁面上，同时装备有水下履带爬行系统，能够在该壁面吸附爬行，精细调整其相对隧道洞口的位置，在隧洞口部位固定后进行机器人的安装释放。安装辅助系统配备有声呐、灯光、摄像探头、流速仪等观察设备，同时具备锁定结构，进行水下安装前，需将检测机器人和安装辅助装置通过快锁机构连接到一起，释放时可通过电动开锁方式实现安装辅助装置和检测机器人的脱离，保证机器人水下安装布放时的稳定可靠。专用布放回收辅助系统结构示意如图 4.3-4 所示。

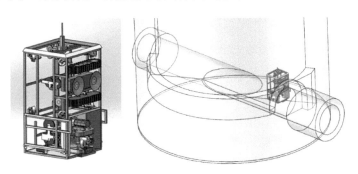

图 4.3-4 竖井布放回收辅助系统及其在隧道入口吸附固定示意图

布放回收装置（LARS）是工程作业船只上水下机器人的标配系统。本项目中针对检修井入口小、内部结构不统一、布放回收辅助系统高度较大导致门吊吊装高度要求较高等难点，专门设计了一种伸缩式布放回收系统来解决。该装置由电动绞盘、A 型门吊、底盘、控制系统和观察系统等组成，布放力臂带有伸缩和固定装置。布放回收装置如图 4.3-5 所示。通过 A 架、铠装线缆绞车等布放机构，可吊起上述布放回收辅助系统，从竖井检修口进入，入水并下放到隧道入口附近，将布放回收辅助系统下放到指定位置时停止。

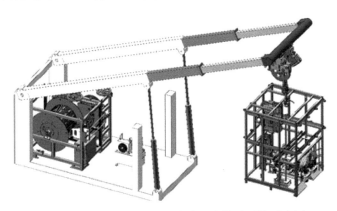

图 4.3-5 布放回收装置及布放回收辅助系统示意图

布放工作原理主要如下：整套系统集成在一体化集装箱内，集装箱内部装有深隧水下机器人、布放回收辅助装置等设备。运输车辆将一体化集装箱运输至安全工作地点，深隧水下机器人系统就可以通过专用的布放回收装置吊运至检修井口上方，从井口稳定下放。由于检修井内部结构不同，如针对 4 号竖井内水下环境复杂、机器人不能直接垂直布放进入水平深隧隧道的情况，可以由布放回收辅助装置搭载着深隧水下机器人，在检修井内入水，进行浮游或吸附在壁面爬行，锁定水平隧道入口并将深隧水下机器人机头调整至隧道入口处后，布放回收辅助装置可在入口处吸附固定，随后与水下机器人脱钩，将水下机器人放入主隧道。

4.3.2.2 低能见度条件下深隧观测、检测技术

大东湖深隧水下机器人通过集成多种管线检测技术，形成声、光、电磁学三位一体创新检测系统，来实现低能见度、高流速污水环境下的隧洞检测。该检测系统主要由浑水光学观察系统、图像声呐、管道三维环扫声呐、水下管线检测雷达四个检测模块组成，设备同时配置有气体检测模块，可对竖井内上部有害气体浓度进行检查，以提高井口工作人员的安全风险。

1. 浑水光学观测技术

大东湖深隧水下机器人利用特制浑水观察系统对隧道壁面进行光学观察，该系统由清水仓、水下照明和水下高清摄像头等组成，可以实现对建筑物表面的连续光学观察。该系统实现浑水观察的原理主要为：摄像头前端设置清水仓并充入清水，在可视性较差的环境中进行观察时，将清水仓前端贴近壁面，保证可见光在摄像头和壁面间的低衰减传播。浑水光学观察系统原理图及搭载示意图如图4.3-6所示。

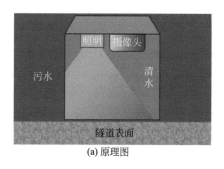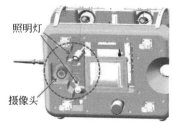

(a) 原理图   (b) 搭载示意图

图 4.3-6　浑水光学观察系统

2. 水下声呐技术

水下多波束前视图像声呐适用于水下环境调查和检查，可快速发现较大的结构缺陷，同时也能起到声学导航的功能。无论在狭窄还是宽广区域搜索，都能得到清晰流畅的目标声学图像；无论是运动或静止状态，甚至在能见度为零的水环境下，图像声呐都能生成清晰的实时图像，适合在浑水中进行大范围探测。声呐探测图像如图4.3-7所示。

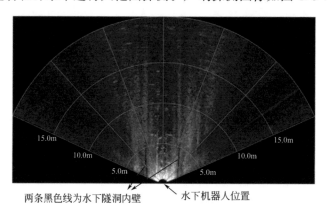

图 4.3-7　图像声呐探测画面

3. 深水环境下电磁雷达检测技术

隧洞淤积物以及隧洞内部的结构件与隧洞的混凝土材质在密度、介电系数上都有所不同，当电磁波穿过这些介质的接合面时就会产生电磁波的反射现象。采集这些反射信号，根据反射波的旅行时间、幅度与波形资料，就可以分析隧洞的淤积情况或者混凝土结构内部的情况。只要管壁自身与周围介质间存在足够的电性差异，就能被管线雷达所探知，因此利用管线雷达贴壁检测，能够较好地探测到管壁上的缺陷和淤积物，甚至能够比较精确地获得缺陷尺寸和淤积层厚度。本项目中所用水下管线雷达如图 4.3-8 所示。

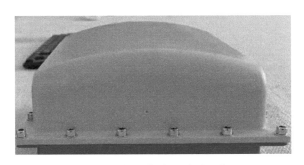

图 4.3-8　水下管线地质雷达外观

4. 隧道三维扫描检测技术

本项目中设计在水下机器人上搭载多波束三维扫描声呐，该声呐使用高频率低功耗声学多波束技术，可同时发出 2100 个重叠窄波束来扫描连续 360°的剖面，再将扫描数据导入专用软件，通过滤波去噪、点云配准、坐标转换等处理，生成图像化高密度三维点云数据，即可得到隧道内壁结构全方位三维图像。在机器人进入竖井且不需要进行工作时，控制为收缩状态，避免因外力导致声呐受到损伤；机器人进入隧道检测区域，需要开展三维扫描时，再通过上位机将声呐推出进行工作。该声呐可在不停水条件下对整个隧道走向、内部结构缺陷、管径变化等进行直观展示，并快速生成完成扫描的每个隧道截面的数据，相当于对整个隧道进行了三维重构，为深隧后期维护和保养提供了依据（见图 4.3-9、图 4.3-10）。

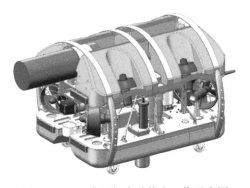

图 4.3-9　三维环扫声呐伸出工作示意图

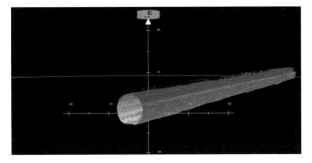

图 4.3-10　三维环扫声呐检测结果图

4.3.2.3 高精度定位导航系统

1. 高精度组合导航系统设计

大东湖深隧水下机器人需设计水下精确定位功能，以此获取设备在隧道内的实时位置、检测进度以及记录管道缺陷相对坐标等信息。

本项目中使用了高精度惯性导航定位系统和多普勒计程仪（DVL）的组合导航方式，主要用于水下机器人在隧洞内部执行水下检查任务的高精度定位。惯性导航系统是一种以陀螺和加速度计为敏感器件的自主式导航系统，被广泛运用于定位潜艇等多种水下运载体，以牛顿力学定律为基础，通过测量载体在惯性参考系的加速度，对时间进行积分，并把它变换到导航坐标系中，就能够得到在导航坐标系中的速度、位置、偏航角、姿态参数等信息，从而实现定位功能，但是由于导航信息是经过积分而产生的，定位误差随时间延长而增大，长期精度差。

多普勒计程仪则基于多普勒原理，通过发射超声波到隧道内壁，利用发射的声波和接收的水底反射波之间的多普勒频移测量水下机器人相对于隧道管壁的速度和累计航程：运动的物体以频率 f_0 向隧道壁发射信号，从壁面反射回来的信号频率被接收时，就会产生一个频率差值 Δf，这个频移 Δf 与物体在水中运动的速度存在线性关系。多普勒计程仪准确性好，灵敏度高，可同时获取机器人水下纵向和横向速度。

本项目中采用双波束多普勒计程仪，分别向行进方向首尾发射对称声波，所测多普勒频移 $\Delta f = (4f_0 v \cos\theta)/c$，其中 f_0 为声波发射频率，v 为声源/接收器与壁面相对速度，θ 为物体运动方向与声波传播方向的夹角，c 为声波在水介质中的传播速度。惯性导航与多普勒计程仪的组合使用是目前国际上通用的水下精确导航定位方案，技术成熟度高，性能可靠。通过结合惯性导航的精确航向信息和 DVL 的精确速度信息，合理选用相关性能的传感器并进行算法调校，可以为水下机器人检测过程中提供较为精确的水下定位功能（见图 4.3-11）。

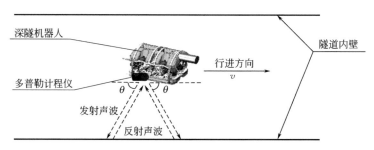

图 4.3-11　多普勒计程仪工作原理示意图

由于深隧隧道在地下基本为平直走向，也可通过记录线缆的收放长度对设备的定位进行辅助修正，因此对本项目中的地面线缆收放绞车设计了自动计数功能，可以实时显示线缆收放长度。为避免定位系统产生较大累计误差，本项目中进一步设计利用声学辅助特征结构识别技术对长距离定位误差进行修正，当设备在隧道内检测时可参考管道工程图纸中的标志性结构物对定位系统进行精确标定。

2. "声学辅助-AI 智能识别"长距离定位误差修正技术

前视声呐图像显示的隧洞内可用于辅助导航定位的结构化环境特征，如图 4.3-12 所示。

隧道内每隔 14m 左右有一条伸缩缝，其在前视声呐图像中表现为一条亮线。虽然前视声呐图像的背景噪声很强，同时多普勒测速仪的水声信号也会影响前视声呐图像质量，

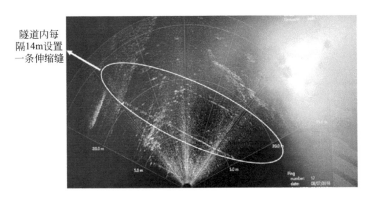

图 4.3-12　可用于辅助导航定位的结构化环境特征

但仍有可能通过计算机识别出这些平行排布的接缝；此外，一些稳定的非结构化特征也能明显地显示在声呐图像上。

对应前视声呐图像，图 4.3-13 是相应的结构化环境特征检测识别过程示意图。

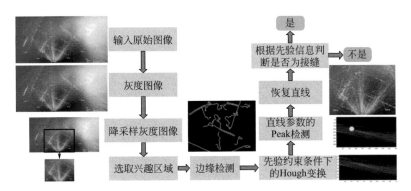

图 4.3-13　水下结构化环境特征检测识别过程示意图

根据隧洞结构化特征的特点可以采用以下三种误差修正模式：

（1）结构化特征的相对位置误差修正模式（见图 4.3-14）

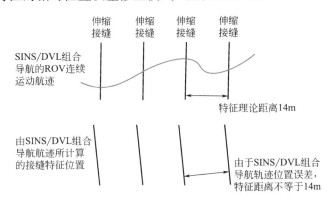

图 4.3-14　相对位置误差修正模式示意图

由于存在导航误差，SINS/DVL 组合导航的航迹中，对应特征距离不等于 14m，以实际航迹中对应的特征距离和特征理论距离之差作为观测量，通过组合导航滤波修正 SINS/

DVL 组合导航的航迹误差。

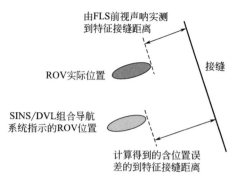

图 4.3-15　绝对位置误差修正模式示意图

（2）结构化特征的绝对位置误差修正模式（见图 4.3-15）

对于隧洞可通过事后处理数据平滑的方式建立结构化特征数据库，给每个接缝编号，建立其直线方程。识别出接缝特征后，根据 SINS/DVL 组合导航 ROV 当前位置坐标到直线特征的理论距离，与 FLS 前视声呐测量得到的 ROV 当前位置坐标到直线特征的距离之差，修正 ROV 当前位置坐标。

（3）隧洞边界的识别与航迹约束位置误差修正模式（见图 4.3-16）

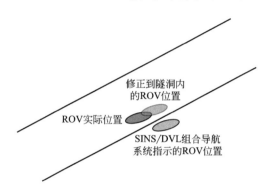

图 4.3-16　隧洞边界的识别与航迹约束位置误差修正模式示意图

类似地，对隧洞左右边界的识别，也可以辅助将 ROV 的导航坐标投影约束在隧洞的内部。此外，还可以针对固定 4500m 隧洞内重复出现的稳定的非结构化特征进行建图与位置误差修正。

4.3.3　高流速狭小空间机器人长距离作业稳定控制技术

4.3.3.1　机器人与自动缆轴联调控制技术

本项目中采用自动缆轴与机器人动力抗流，实现变流速、复杂水域环境的稳定控制（见图 4.3-17）。自动缆轴通过张力控制电机，闭环控制脐带缆的张力，使水下机器人在急流中能够抵抗水流阻力。随着作业距离的延长，脐带缆长度增加，脐带缆本身也会受到拉力作用。本项目的机器人、脐带缆、自动缆轴形成一个复杂的稳定控制系统，具有典型的多节点、柔性、多变性、控制滞后性等特点，控制算法通过脐带缆受力实现机器人和缆轴控制系统解耦，实现长距离条件下的抗流控制。

4.3.3.2　机器人水下位姿感知技术

机器人水下位姿的感知是水下机器人控制的前提，本项目采用多传感、智能化、组合的位置感知技术，融合了惯性、电磁、光学、声学多种位姿传感器，采用信息融合方法，

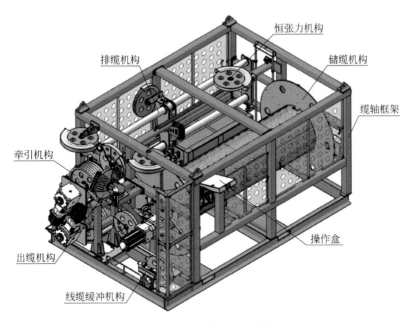

图 4.3-17　恒张力自动缆轴

实现位姿的高精度感知。

　　水下机器人位姿的感知包含位置的感知和姿态的感知，其中位置的感知又称为导航定位，相关技术已有相关描述。本节主要介绍姿态的感知技术。

　　水下机器人姿态的感知主要依赖相关姿态传感器，包含惯导的陀螺组合、磁罗盘等。水下机器人姿态的表示涉及复杂的坐标转换过程，现就水下机器人姿态的表示相关的坐标系及转换介绍如下：

　　地心惯性坐标系 $Oex_iy_iz_i$（i）：坐标原点 O_e 位于地球的中心，Oez_i 轴沿地轴指向北极方向，Oex_i 轴指向春分点，Oey_i 轴与 Oez_i、Oex_i 构成右手坐标系，该坐标系是惯性坐标系。

　　地心坐标系 $Oex_ey_ez_e$（e）：坐标原点 O_e 位于地球的中心，Oez_e 轴沿地轴指向北极方向，Oex_e 轴通过零子午线，Oey_e 轴与 Oez_e、Oex_e 构成右手坐标系。

　　导航坐标系 $Ox_ny_nz_n$（n）：导航坐标系是惯导系统在求解导航参数时所采用的坐标系。对平台式惯导系统来说，理想的平台坐标系就是导航坐标系。对捷联式惯导系统来说，将加速度计的输出分解到某个求解导航参数方便的坐标系内进行计算，则该坐标系就是导航坐标系。一般所采用的导航坐标系其坐标原点位于载体的质心，沿子午线指向北、沿重力场垂直向下，与构成右手坐标系指向东，即东北天坐标系。地心坐标系与导航坐标系的关系如图 4.3-18 所示。

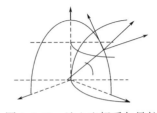

图 4.3-18　地心坐标系与导航
坐标系关系示意图

　　体坐标系 $Ox_by_bz_b$（b）：坐标原点 O 位于载体的质心，oy_b 位于载体的纵轴方向，

ox_b 指向载体的右侧，oz_b 与 ox_b、oy_b 构成右手坐标系，如图 4.3-19 所示。

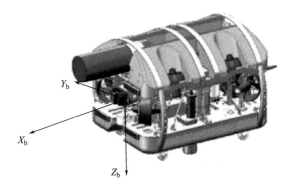

图 4.3-19　体坐标系示意图

平台坐标系 $ox_p y_p z_p$（p）：与惯导系统的物理平台（平台式系统）或数学平台（捷联式系统）固连的右手直角坐标系 $ox_p y_p z_p$（p）为平台坐标系。

计算坐标系：该坐标系是人为引进的一种虚拟坐标系，它是以导航计算所得的经纬度作为原点建立起来的地理坐标系。体坐标系相对于导航坐标系的夹角为载体的姿态角。

加速度计坐标系 $ox_a y_a z_a$（a）：由安装在惯导组合上的三个加速度计的敏感轴构成的非正交坐标系。

陀螺坐标系 $ox_g y_g z_g$（g）：由安装在惯导组合上的三个陀螺仪的敏感轴构成的非正交坐标系。

利用惯性导航系统的陀螺仪加速度计感知位姿的原理如图 4.3-20 所示。

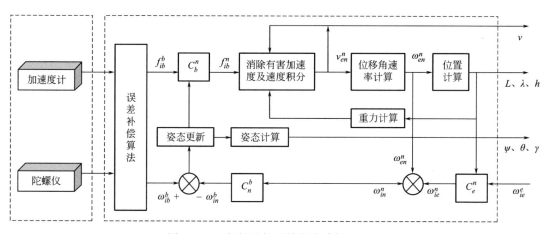

图 4.3-20　惯性导航系统位姿感知原理图

由陀螺仪和加速度计构成的惯性测量单元（IMU）直接安装在载体上，它们分别为敏感载体坐标系相对于惯性坐标系的角速率矢量 $\overline{\boldsymbol{\omega}}_{ib}^{b}$ 和载体坐标系上的比例矢量 $\overline{\boldsymbol{f}}_{ib}^{b}$。为了消除载体运动对加速度计和陀螺仪的影响，必须首先按照误差模型对加速度计和陀螺仪的输出进行补偿，才能得到比较精确的载体相对于惯性坐标系的角速率 $\overline{\boldsymbol{\omega}}_{ib}^{b}$ 和比例 $\overline{\boldsymbol{f}}_{ib}^{b}$。

4.4　外源性破坏防范系统

4.4.1　外源性破坏风险评价技术

结合城市排水深隧外源性破坏的特点，基于模糊数学的基本理论，建立因素集、权重集、抉择评语集、单因素模糊评判、模糊综合评判的风险评价体系。风险评价对象为深隧主干传输管线即主隧和支隧，采用专家咨询-层次分析综合法确定各风险指标权重。

模糊综合评价法是基于模糊数学的基本理论，对影响系统安全性的全部相关因素进行综合分析，并将模糊评语完全量化来开展风险评价的方法，分为建立因素集、建立权重集、建立抉择评语集、单因素模糊评判、模糊综合评判5个大步骤进行风险评价。可以通过专家给出各项风险因素的模糊评语，利用模糊数学将评语完全量化，进而求得评价对象的相对风险值，既减小了工作量，又提高了风险评价的效率。

选择合适的风险评价方法和指标权重的确定方法后，城市排水深隧的外源性破坏风险评价按照图4.4-1所示的流程开展。

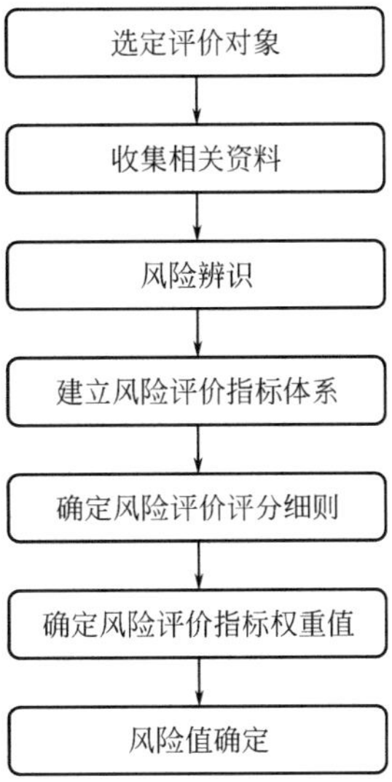

1. 选定评价对象

深隧外源性破坏风险评价的对象是深隧的主干传输管线即主隧和支隧，不包括地表四站附属的浅层地表管网。

2. 收集相关资料

根据简单分析得到的风险因素大体类别，有针对性地收集相应子系统的相关资料，信息资料力求准确、完备。鉴于深隧事故资料缺乏，需要收集类似工程的风险评价、事故分析等资料作为参考。

3. 风险辨识

风险辨识过程是城市排水深隧外源性破坏危险源的深入分析，其正确性与完备性决定了深隧风险评价的准确性，是风险评价过程中至关重要的一步。风险辨识就是熟悉系统，对需要进行评价的系统进行系统分析，分析可能产生损失的性质、特点、范围等，并在此基础上分析导致损失的根源所在，进而找到引发损失的直接或间接诱因，即确定系统的风险因素。

图4.4-1　深隧外源性破坏风险评价流程图

4. 建立风险评价指标体系

根据对所收集到的信息资料的深入分析，对破坏深隧因素和深隧破坏后果影响的因素进行分析，确定深隧破坏的原因，初步建立城市排水深隧外源性破坏风险评价指标体系。对风险评价指标进行独立性、完备性、主成分分析，简化并完善风险评价的指标体系。

5. 确定风险评价评分细则

根据相关的资料，针对每一个风险评价指标，设定模糊评价评语集、评语相对应的分数、分数的计算公式和专家评分的标准，制订能够通过计算和专家评分来确定每个风险评价指标相对应的风险分值的评分细则，如表 4.4-1 所示。

深隧外源性破坏风险指标评分标准 表 4.4-1

风险指标	风险等级				
	安全 （10分）	较安全 （7分）	中等 （5分）	较危险 （3分）	危险 （1分）
隧道埋深		＞30m	25～30m	20～25m	15～20m
施工类型	取土	打井	深基坑施工	桩基施工	地勘钻孔
距中心线距离	＞28m		8～28m		≤8m
隧道内径	1.65m	3.0m	3.2m	3.4m	
隧道结构	250mm 预制 管片＋200mm 现浇混凝土	200mm 壁厚 预制钢筒 混凝土管			
地下交叉情况		下穿公路桥桩	下穿普速铁路	下穿高铁桥桩	下穿地铁
地表环境情况	农田、厂房	湖泊、河流	园林绿地	道路	
有无备用管线			双线输送（支隧）		单线输送（主隧）

6. 风险值确定

根据评分细则和已确定的指标权重计算相应的风险值。

4.4.2 无人机巡线及风险因素自动识别技术

针对隧道沿线地表外源性破坏防范需要，开发无人机智能巡线技术，基于卷积神经网络建立深隧地表巡线风险识别模型，通过特定风险项目标图像提取和机器训练，实现地表风险因素的智能识别，有助于提高巡线效率和保障深隧巡线的全面性。

4.4.2.1 无人机巡线系统

深隧无人机巡线系统主要包括飞机平台、地面控制系统、飞行控制系统、搭载传感器、数据通信系统五大部分。

1. 飞机平台

飞机平台是数据通信系统机载部分和各类应用载荷的空中载体，负责为各类设备提供所要求的工作环境。目前，用于巡线的无人机主要包括多旋翼无人机和固定翼无人机两类。考虑到城市深隧地表上空电磁环境复杂，地表人员密集等实际情况，无人机巡线存在一定的安全风险。多旋翼无人机具有体积小、机动灵活的特点，在满足巡线需求的前提下，可最大限度地降低安全风险，因此城市深隧无人机巡线采用体积较小的多旋翼无人机平台较为适宜。

2. 地面控制系统

地面控制系统是无人机地面控制中心，负责对无人机飞行路线的规划和实时控制。地面控制系统由计算机通信系统、软件监控系统、飞行控制系统三部分组成。

3. 飞行控制系统

飞行控制系统是用以测定飞机姿态、速度、控制飞行航线、控制姿态平衡、输出遥感数据、控制传感器，由惯性导航系统、全球定位系统、大气数据航迹推算系统、无线电导航系统和多普勒航向参考系统等组成。

4. 搭载传感器

传感器是对地观测的核心设备，负责获取地面监测区域的遥感数据。无人机巡线可通过可见光、红外热成像等设备对线路进行全方位全天候观测，搭载的传感器主要包括：照相机、热红外探测仪、双光吊舱等。城市深隧巡线一般在光线好的白天进行，传感器以高清摄像机为主。

5. 数据通信系统

数据通信系统是空地连接的通道，负责数据的上传与下载。数据通信系统一般采用无线通信技术，通过图传数传设备完成地面控制系统与飞机的通信。目前的技术背景下，图传数传设备主要包括 5km、15km、30km、50km 传输能力的设备。在地形起伏不大的区域，信号无遮挡的情况下，控制系统与飞机之间可以很好完成数据通信。当前图传数传设备的传输能力可以满足深隧巡线的需求。

结合项目实际需求，巡线无人机的具体技术要求见表 4.4-2。

无人机系统技术要求 表 4.4-2

序号	类别	内容	要求
1	基本要求	巡查范围	深隧中心线 60m 宽区域
2		无人机数量	2 台
3		无人机飞行方式	多旋翼
4	无人机性能参数	飞行续航时间	50min(满足定速巡航和悬停拍摄要求,巡航速度不宜过高,需满足肉眼对沿线进行观测的需求)
5		抗风能力	≥6 级(强风,风速 39~49km/h,大树枝摇动,电线有呼呼声,打伞行走有困难)
6		防护等级	IP45(4 代表"防止直径或厚度大于 1.0mm 的工具、电线及类似小型外物侵入而接触到电器内部的零件",主要考虑西线范围厂区较多,空气中存在固态颗粒,避免无人机受到影响;5 代表"防持续3min 的低压喷水",主要考虑突然降雨情况)
7		信号传输能力	实际应用场景下≥15km(深隧地表环境复杂,无人机需具备足够的抗干扰能力)
8		工作环境温度	−20~50℃
9	相机参数	视频分辨率	1920×1080(实时传输视频信号达 720p,满足人工初步识别需求)
10		照片分辨率	1000 万像素(照片文件包含位置坐标信息)
11	其他要求	安全要求	具有自动避障功能,丢失后能自动返航
12		操作要求	满足规划航线后自动巡航,在遇到紧急情况或者发现需要悬停拍摄的场景时可以人工介入,之后恢复自动巡航。具备自动起降功能

无人机巡线系统可根据运营期实际使用要求确定巡线的频率，操作流程如下：

1. 规划航线

航线指令输入无人机控制系统后，无人机将按规划的航线进行巡线，第一次输入后可以保存在无人机控制系统中，后续不用输入航线。大东湖深隧无人机巡线的航线如图 4.4-2

所示。

图 4.4-2 无人机规划航线

2. 放飞无人机巡线

首先是飞行状况判断，确定天气状况满足飞行需求才能起飞，也可以在巡线系统内置飞行状况辅助判断系统，根据实时天气预报对人为判断提供支持。

将无人机带至固定起降地点，按要求组装、检查无误后，一键起飞无人机，沿深隧走向飞行，拍摄深隧地面影像资料。无人机以 10m/s 的速度巡航，无人机完成规划航线飞行后，自动降落至起飞地点。由专人回收无人机并将无人机拍摄的高清文件导入智慧深隧平台，用于复核、资料存档。之后对无人机进行充换电、日常保养并妥善保管。

4.4.2.2 风险识别系统

通过无人机巡线获取深隧地表的影像资料后，借助人工智能技术识别深隧保护区内的危险源目标。针对城市排水深隧巡线，主要是监测航拍图片中深隧保护区内是否存在工地、大型施工机械、取土、打井等可能危害城市深隧安全的物体或事件信息。

1. Faster R-CNN 检测网络模型

Faster R-CNN 是把 RPN 网络加入 Fast R-CNN 中，RPN 发挥候选区域提取的作用，Fast R-CNN 则发挥目标检测的作用。所有的目标候选区域提取、高层级特征提取、目标检测和识别过程结合在一起，都融入 Faster R-CNN 中，整个网络都在 GPU 中运行，使得速度明显提升。网络模型如图 4.4-3 所示。

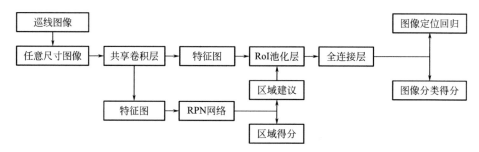

图 4.4-3 深隧巡线目标图像检测网络模型结构

深隧巡线图像在输入网络时，可以是任意尺寸的，即归一化的过程是不必要的。输入的巡线图像在共享卷积层进行卷积操作，随着网络层数的加深，逐步进行对深隧地面风险因素特征信息的提取过程。通过共享卷积层获得的特征信息有两个去向：一部分传输到RoI 池化层，进行池化操作，进一步提取深隧地面风险因素特征信息；另一部分传输到

RPN 网络，在候选区域特征提取后，获得对应的区域建议和区域得分。区域建议输入 RoI 池化层，同样地进行池化操作。然后是全连接层，其功能为分类判断和候选框回归。最后输出与候选区域相对应的图像定位回归包围框、图像分类得分。

特征图输入 RPN 网络后，通过滑动窗口实现滑动卷积特征图，而后低维的特征向量（VGG-16 网络为 512-d）对应于每个特征图映射依次获得特征向量输入区域分类层和区域回归层，输出结果进入 RoI 池化层。对于滑窗选择过程中特征图的一个 $n \times n$ 窗口之中的每一个窗口，同时预测 k 个目标候选区，这 k 个候选区都与这个窗口存在关联，称为锚框（anchor）。在训练 RPN 时，首先生成 anchor，Faster R-CNN 以每个像素为中心点生成不同比例面积像素的 anchor。

交并比（Intersection over Union，IoU）是一种表示在特定数据集中检测相应物体准确度的指标。在网络生成目标区域包围框之后 IoU 发挥作用得到区域边框评分，即检测结果 Detection result 与 Ground truth 的交集比上它们的并集。IoU 可以用于测量任意大小形状的物体检测，它可以体现真实值和预测值相较而言的重合程度。对于产生的 anchor，通过 IoU 来选择正负样本集进行网络训练，选择规则如表 4.4-3 所示。

选取规则　　　　　　　　　　　　　　　　　　　　　　　　表 4.4-3

类别	方式
正	IoU>0.7 或 IoU 值最大
负	IoU<0.3
其他	跨越图像边界不参与训练

$$IoU = \frac{\text{Detection result} \bigcap \text{Ground truth}}{\text{Detection result} \bigcup \text{Ground truth}}$$

RPN 的训练过程是端到端（end to end）的，使用的优化方法是反向传播（back propagation）和随机梯度下降（SGD），RPN 需使用损失函数对目标函数最小化，损失函数是分类误差和回归误差的联合损失。在得到预测框的坐标向量后，需要对其回归调整使预测框更接近标定框的真实位置。

2. 风险因素识别

深隧地表风险因素识别的流程为图像收集及预处理、图像标注、模型训练、模型测试。以识别对深隧安全威胁较大的施工机械——旋挖钻机为例对该流程进行说明。

图像收集及预处理。收集特征明显的旋挖钻机的图像资料，利用图像处理软件对图像进行预处理，形成训练样本数据集。

图像标注。通过 Matlab 以人工识别方式，用矩形框把旋挖钻机框选出来，矩形框需完全包围旋挖钻机，以保证训练识别的准确性。自动生成 groundtruth. txt 文件并将标注信息保存在其中，txt 文件中的信息包括图片名、目标类型、包围框坐标（坐标为左上角和右下角）。标注方式如图 4.4-4 所示。

图 4.4-4　旋挖钻机标注

模型训练。在深隧地表风险目标检测中，把 VGG16 选作特征提取网络模型。如图 4.4-5 所示。将 groundtruth.txt 文件转为 xml 文件，制作 VOC 2007 数据集进行模型训练。

ConvNet Configuration					
A	A-LRN	B	C	D	E
11 weight layers	11 weight layers	13 weight layers	16 weight layers	16 weight layers	19 weight layers
input (224 × 224 RGB image)					
conv3-64	conv3-64 **LRN**	conv3-64 **conv3-64**	conv3-64 conv3-64	conv3-64 conv3-64	conv3-64 conv3-64
maxpool					
conv3-128	conv3-128	conv3-128 **conv3-128**	conv3-128 conv3-128	conv3-128 conv3-128	conv3-128 conv3-128
maxpool					
conv3-256 conv3-256	conv3-256 conv3-256	conv3-256 conv3-256	conv3-256 conv3-256 **conv1-256**	conv3-256 conv3-256 **conv3-256**	conv3-256 conv3-256 **conv3-256**
maxpool					
conv3-512 conv3-512	conv3-512 conv3-512	conv3-512 conv3-512	conv3-512 conv3-512 **conv1-512**	conv3-512 conv3-512 **conv3-512**	conv3-512 conv3-512 **conv3-512**
maxpool					
conv3-512 conv3-512	conv3-512 conv3-512	conv3-512 conv3-512	conv3-512 conv3-512 **conv1-512**	conv3-512 conv3-512 **conv3-512**	conv3-512 conv3-512 **conv3-512**
maxpool					
FC-4096					
FC-4096					
FC-1000					
soft-max					

图 4.4-5　网络结构图

模型测试。由于无人机体积小、重量轻，容易受风和气流影响，姿态不稳定，导致航拍影像数量多、倾角大、畸变大、重叠度不规则等问题，从而给目标检测带来挑战，需要对图像进行预处理。经过处理的图像输入测试模型中进行旋挖钻机的识别检测。规定当置信度≥0.8 时才会显示出矩形边框。经过测试，训练后的模型可以准确识别出深隧巡线图像中的旋挖钻机。旋挖钻边框置信度分数如图 4.4-6 所示。

图 4.4-6　检测实例

通过风险识别，枚举各种深隧地表可能出现的深隧结构安全的物体或事件（如地勘钻机、工地围挡、深基坑施工、打井等），分别制作训练数据集完成模型训练，把无人机巡线获取的深隧地表图像输入模型中实现深隧地表风险因素的智能识别。

本章参考文献

[1] 张楠. 超声波流量计的原理与应用 [J]. 工业计量, 2019, 29 (3): 36-38.

[2] 田野, 王岳, 郭士欢, 等. 常见流量计的应用 [J]. 当代化工, 2011, 40 (12): 1294-1296.

[3] 李晓军, 洪弼宸, 杨志豪. 盾构隧道结构健康监测系统设计及若干关键问题的探讨 [J]. 现代隧道技术, 2017, 54 (1): 17-23.

[4] 宋鹏. 混凝土排水管道结构评价理论研究 [D]. 北京: 中国地质大学, 2020.

[5] 基于光纤应变传感技术的管道健康监测 [D]. 大连: 大连理工大学, 2019.

[6] 陈卫忠, 李长俊, 曾灿军, 等. 大型水下盾构隧道结构健康监测系统的构建与应用 [J]. 岩石力学与工程学报, 2018, 37 (1): 1-13.

[7] 林大涌, 雷明锋, 曹豪荣, 等. 盾构下穿运营铁路施工风险模糊综合评价方法研究 [J]. 铁道科学与工程学报, 2018, 15 (5): 1347-1355.

[8] 祝星馗, 蒋球伟. 基于 CNN 与 Transformer 的无人机图像目标检测研究 [J]. 武汉理工大学学报 (信息与管理工程版), 2022, 44 (2): 323-331.

5 结语与展望

5.1 结语

随着城市化进程的加快和环保理念的日益提升，城市深隧工程所代表的"深隧传输、集中处理"的污水处理新模式可有效优化城市核心区的基础设施布局，全面解决中心城区的污水处理提标难题，对地下空间的综合利用开发、统筹协调区域排涝治污、保护区域水生态环境具有重要的意义，同时可有效应对污水处理厂产能不足和污水处理厂城市中心化等普遍问题，将成为以后国内污水治理的新趋势。

目前国内缺少针对深隧工程建造与运维成套关键技术的研究，现有研究成果无法支撑国内深隧工程建设的快速发展。本书基于大东湖核心区污水传输系统工程项目实践，研究总结深隧设计、建造与运营内容，以强有力的技术攻关和项目实践，形成城市深隧全生命周期技术体系，实现污水传输深隧规划设计、建设及运维技术难点的突破。

深隧规划设计部分。分析比选深隧工程规模、路由方案以及传输模式；研究地表完善系统预处理与入流工艺设计；分析污水对钢筋混凝土材料的腐蚀破坏机理，开展盾构隧道衬砌结构设计。

深隧施工建造部分。研究深隧工程中复杂环境下深基坑施工技术；开展长距离大埋深、小直径盾构设备优化，提出盾构始发、穿越复杂地层，以及富水地层接收系列技术；研发小直径盾构超薄二衬快速施工设备与高效施工技术；研究长距离曲线硬岩顶管设备与掘进施工技术；开展深隧功能性验收试验创新实践。

深隧运营维护部分。开发基于隧道分层流速测量技术、水力模型预测技术的智慧运营系统；开发基于光纤光栅传感技术的结构健康监测系统；研制适用于高流速、长距离、低可视、污水深隧在线巡检的水下机器人系统；研发基于风险目标智能识别的无人机巡线系统。

5.2 展望

随着全球的气候变化，城市化水平和环保要求的不断提升，城市排水系统能力不足、排水标准偏低等问题日益凸显，城市暴雨内涝、污水溢流污染的规模和概率明显提升，北京"7·21""7·31"特大暴雨、郑州"7·20"特大暴雨等灾害事件仍历历在目。深隧系统作为一种有效解决城市排水问题的新途径，在解决城市洪涝和水污染等方面具有巨大优势，部分城市已开展研究并进行项目实践，取得了一定的经验和成绩。考虑深隧系统的特点，在未来建设与运行深隧工程中应着重考虑以下几个方面：

1. 建立系统性规划思路

深隧的规划建设涉及各个方面，工程规划应充分结合自身情况，从城市规划、发展规模、经济条件、环境保护要求、气象水文及地质条件、现有排水系统情况等方面统筹规划，在对其建设必要性和可行性充分论证及分析的基础上，根据区域排水体制及内涝、水污染等突出问题，合理建设深隧工程，契合城市中远期发展规划，满足城市排水要求。

2. 探索前沿新技术

深隧工程类型新，工况也较为特殊，可研发、应用新技术，提高深隧建设与运行效率和质量。如深隧隧道结构，多数隧道为盾构管片与钢筋混凝土二衬的双层衬砌结构，实际施工中存在工序繁杂、衔接困难、工效低、水力性能不佳、易受污水腐蚀等问题，可积极探索高性能耐腐蚀混凝土、玻璃纤维增强塑料管等新材料的应用；深隧运营期间，运行状况的获取是关键环节，应深化水下机器人、隧道在线监测技术的研究应用，解决隧道流量监测、系统运行状况检查等难题。

3. 完善工程运营管理体制机制

城市排水设施三分在建，七分在管。深层隧道、浅层管网等工程建设很重要，设施的科学管理、分工负责、联调联动的运行体制也很重要。对于城市排水设施，应建立贯穿于污水源头产出到末端处理的排水"一条线"管理，实现上下游的联合调度，系统化管理，建立一套良好的运行管理机制。在此基础上，推动运行管理的标准化，通过制定运行手册、规章、标准规范，提高运行管理水平，充分实现工程目的，发挥工程效益。

4. 学科建设和人才培养

加强学科建设和人才培养，加强国际交流与合作、提高自主创新能力。城市排水深隧工程是一个新兴的交叉学科领域，涉及土木工程、给水排水工程、地质工程、测量工程、机电工程、环境工程、管理科学与工程等众多学科，需要相关各界的密切合作，应大力加强学科建设和人才培养。